JN227982

現場で使える実践テクニック
みんなの GO言語

改訂2版

松木雅幸
mattn
藤原俊一郎
中島大一
上田拓也
牧　大輔
鈴木健太

技術評論社

【免責】

本書に記載された内容は、情報の提供のみを目的としています。したがって、お客様自身の責任と判断によって本書をご活用ください。これらの情報をもとにした結果について、技術評論社および著者はいかなる責任も負いません。

本書に記載の情報は2019年7月現在のものを掲載していますので、ご利用時には変更されている場合もあります。また、ソフトウェアやWebサイトでのサービスはバージョンアップされる場合があり、本書での説明とは機能内容や画面図などが異なってしまうこともあり得ます。本書ご購入の前に必ずバージョンなどをご確認ください。加えて、Webサイトの変更やサービス内容の変更などにより、Webサイトを閲覧できなかったり、想定したサービスを受けられないことも考えられます。

以上の注意事項をご承諾いただいた上で、本書をご利用願います。これらの注意事項をお読みいただかずにお問い合わせいただいても、技術評論社および著者は対処しかねます。あらかじめご承知おきください。

【商標、登録商標について】

本文中に記載されている製品の名称は、一般に関係各社の商標または登録商標です。なお、本文中では、TM、®マークなどのマークを省略しています。

改訂にあたって

本書「みんなのGo言語」は、1つのカテゴリに縛られず、執筆者がいろいろな側面からそれぞれが得意とするテーマを用い、可能な限り現状にそった内容で執筆させていただきました。これにより、読者のみなさまに「Go言語」の最新事情をお届けすることができたと思っております。そして読者のみなさまからいろいろな反響をいただきました。執筆者の一人として非常に嬉しく思っております。

ひとえに本書の出版に関わっていただきました関係者のみなさま、執筆に参加いただいたみなさま、編集者のみなさまに、深くお礼を申し上げたいと思います。特にわれわれ執筆陣を常に信頼していただきながらも、最後まで手厚い校正作業に力を注いでいただいた、技術評論社の高屋様に感謝の気持ちを表したいと思います。

本書は、なるべくGo言語の最新事情をお伝えするために、読者のみなさまが知りたいと感じているであろうGo言語のモダンなテストの書き方や、ツールの導入方法、執筆時点での制限事項などをそのまま執筆させていただきました。これはとても意義があることだった筆者は感じています。

われわれが本書に「みんなのGo言語」という名前を選んだ理由としても、執筆者それぞれが考える「Go言語」の思いや知識を、読者のみなさまにそのままお伝えしたいという思いがあったということに起因しています。

しかしこれは逆に、時間が経つにつれ執筆した内容が次第に古くなってしまうというリスクを伴います。いくつかの内容は、現状に合わなくなっているものもあります。紹介させていただいたツールの中には開発が止まってしまっているものもあれば、執筆時点で制限事項と記したけれども現在では解消しているものもあります。そればかりではありません。新しく追加されたコマンドや機能、新しい制限事項もあります。特にGo Moduleの扱いは、今後Go言語を扱う開発者にとって知っておくべき最重要項目ともいえます。

今回、本書の改訂というチャンスをいただき、内容を再び最新の状態に更新させていただくことになりました。われわれ執筆陣も以前に加えさらにGo言語に関するノウハウを増やしています。いくつかの章では古い情報をバッサリと書き直しているものもあります。Go言語で開発をする上での最新のヒントも書かせていただきました。

われわれ執筆陣が日々の業務で蓄えている多くのノウハウを、再び多くのみなさまにお届けできることに喜びを感じています。みなさまにとって本書が良い先導者になることを願っています。

mattn

はじめに

　本書はGoogleが開発したプログラミング言語Goに関するさまざまなティップスや便利な使い方を、Go言語の良いところも良くないところも知り、最前線でGo言語を使って現役で開発をしているエンジニア達が紹介していきます。

　この本を手に取っているみなさんはすでになんらかのプログラミング言語を使いこなしていると思いますが、さらにまたGoを覚えるメリットはあるでしょうか。厳密には状況によるとしか言いようがありませんが、もしみなさんが使える言語がCかもしくはいわゆるLLと呼ばれる軽量言語(Ruby/Perl/Pythonなど)であれば、答えはかなり高い確率でYESでしょう。

　Cを利用しているのであれば、コンパイラの支援を受けて型チェックをしつつ、メモリ管理を含めすべての挙動を管理して効率よく最大限のパフォーマンスを発揮できるプログラムを書くことができます。でもそれだとレイヤが低過ぎてプログラムを書くのが辛い…。軽量言語だと書くのは簡単ですがパフォーマンスが思ったほど出せなかったり、静的型チェックの恩恵も受けられない… そんなことを思ったことはありませんか？

　そんな人にはGoがピッタリなはずです！Goは軽量言語とCなどのもっと低レイヤの言語の間にある、これまで解決方法が存在していなかったニッチをきれいに埋めてくれる言語なのです。次にいくつかGoを扱うメリットを書き出してみます。

パフォーマンス

　軽量言語ではメモリ管理のコストなどに注意してコードを構成しないと劇的にパフォーマンスが悪くなることがあります。Goは比較的細部を気にせずにコードを書いてもそれなりのパフォーマンスを引き出せます。

メモリ管理からの解放

　軽量言語を使う理由の中で圧倒的に1位となるのはメモリ管理から開放されることだと思います。CやC++などのメモリ管理を手動で行う必要がある言語から軽量言語に移行すると、人類にメモリ管理は難し過ぎること、そしてそれは言語のランタイムがやるべきであることを確信するタイミングが必ずあります。Goであれば前述のようにパフォーマンスを保ったままメモリ管理をGoランタイムに任せることが可能になります。

コンパイル速度からの気軽さ

　CやC++と比べるとGoのコンパイル速度は圧倒的に早いです。これらCやC++などのコンパイルが必要な言語を利用しているとコンパイル時間がかかり過ぎて軽量言語を使ったときに感動してしまいますが、Goであれば軽量言語を使っているかのような気軽さで利用できます。

スタイル・コード整形

チームで開発をする際に必ず議題に挙がってくるものにどの書式スタイルで統一するか

があります。みなそれぞれインデントをタブにするのかスペースにするのかなどのポリシーを持っているものです。しかし、これらのポリシーの議論に貴重なリソースを費やすのは明らかに効率が良くありません。

Goではこのあたりのスタイルについての規定が最初からしっかりしており、それをサポートするためのコード整形ツールもすべてそろっています。そのためコードの質を保つのがとても簡単です

言語仕様のシンプルさ

Goはその機能の割にとてもシンプルな仕様で作られています。「The Go Programming Language Specification」(URL https://golang.org/ref/spec) にある仕様を読んだり「A Tour Of Go」(URL https://tour.golang.org) を試したりすれば、早い人ならば1日、遅くとも数日で言語仕様の全容を理解できるはずです。

シングルバイナリの手軽さ

Goで書かれたプログラムは基本的に単体で実行可能なシングルバイナリとして提供されます。いったんコンパイルしてしまえばLL系言語で必要なランタイムや依存関係の管理は必要なくなるため、インストールが劇的に楽になります。とくにコンテナにデプロイする際や、便利コマンドラインツールを開発・運用していく際にはこの特徴がその真価を発揮します。

これらのメリットが好ましく思えるようでしたらGoを学んで損はないはずです。

本書で扱う内容について

本書ではGo言語の文法などにはあえて触れません。普段から業務でGoを活用している筆者達が実際にGo言語を使い続けていく間に蓄えてきた「これは知っておくべき」や「これはハマリやすいので注意」、「これは便利」と思った事柄について解説しています。

本書で紹介する、より実践的で具体的なテーマや例に触れる中でGo言語の魅力が伝われば幸いです。

2016年 8月 執筆者を代表して　牧 大輔

みんなの Go 言語 現場で使える実践テクニック ◎ **目次**

第 1 章
Go によるチーム開発のはじめ方とコードを書く上での心得
迷いなく Go を書き始めるために

松木雅幸(MATSUKI Masayuki)

1.1 開発環境の構築

1.2 エディタと開発環境

1.3 Go をはじめる

1.4 Go らしいコードを書く

第 2 章
マルチプラットフォームで動作する社内ツールのつくり方
Windows、Mac、Linux、どの環境でも同じように動作するコードを書こう

mattn

第 3 章
実用的なアプリケーションを作るために
実際の開発から見えてきた実践テクニック

藤原俊一郎(FUJIWARA Shunichiro)

第 4 章
コマンドラインツールを作る
実用的かつ保守しやすいコマンドラインツールを作ろう

中島大一（NAKASHIMA Taichi）、上田拓也（UEDA Takuya）

4.4 サブコマンドを持った CLI ツール
サードパーティ製パッケージの活用

4.5 使いやすく、メンテナンスしやすいツール
長く利用されるパッケージにするために

第 5 章
The Dark Arts Of Reflection
不可能を可能にする黒魔術

牧 大輔(MAKI Daisuke)

5.1 動的な型の判別
実行時まで型の判別を待つには

5.2 reflect パッケージ
型情報の所得と操作

5.3 reflect の利用例
ハマらないためのレシピ集

5.4 reflect のパフォーマンスとまとめ
適材適所で利用するために

第 **6** 章
Goのテストに関するツールセット
テストの基礎と実践的なテクニック

鈴木健太（SUZUKI Kenta）

第1章

Goによるチーム開発の
はじめ方とコードを書く上での心得

迷いなくGoを書き始めるために

Goでの開発の第一歩を踏み出したい方のために、Goの環境構築から実際にコードを書いていく方法を具体的に説明します。実際にGoをプロジェクトに導入し、運用までにらんだ開発を行っていくために押さえておきたい事柄やお約束事についても解説していきます。

「チーム開発」と題してありますが、最初は1人のプロジェクトであっても、あとあとの分かりやすさのために最初から規約に則った開発をしておくメリットはあるでしょう。「規約に則る」というと窮屈に思えてしまうかもしれませんが、Goはそういった規約の強制をサポートする周辺ツールがそろっています。それらをフル活用することで、意識せずとも規約を守ることが可能になります。

松木雅幸(MATSUKI Masayuki)
Nature Japan 株式会社
Twitter：@songmu
GitHub：Songmu

1.1
開発環境の構築
インストールから環境設定まで

Goのインストールと開発前の下準備をしましょう。まずは、Goの環境構築について説明していきます。ここではmacOSの環境を中心に説明します。また、本書の内容はGo1.12で動作確認をしています。

Goのインストール

お使いの環境で利用しているパッケージ管理ツールでGoの新しいバージョンが提供されていればそれを使ってインストールするのが簡単です。macOSの場合だとhomebrewを使うと良いでしょう。

```
% brew install go
```

パッケージ管理システムを利用していなかったり、パッケージ管理システムが提供しているGoが古かったり、Goが提供されていない場合は、ダウンロードページからお使いの環境に合ったアーカイブを取得してインストールしてください。
URL https://golang.org/dl/

GoのインストールパスのことをGOROOTと呼びます。以前はGOROOTは環境変数に設定する必要がありましたが、現在はGoのバイナリにGOROOTの情報が含まれているため、明示的に環境変数を指定する必要はありません。ただし、自分でインストールディレクトリを変更した場合には、環境変数$GOROOTの設定が必要です。

GOROOTは標準では/usr/local/goですが、homebrewでインストールした場合には/usr/local/opt/go/libexecになります。GOROOTはgo env GOROOTで取得できます。

```
% go env GOROOT
/usr/local/opt/go/libexec
```

GOROOT以下の**bin/**に go、godoc、gofmtの実行バイナリが配置されているので、環境に応じて$PATHを通しておきましょう。

GOPATHの設定

GOPATHは外部パッケージのリソースなどが保存されるパスです。以前はGoの開発もこのGOPATH配下で行うことが多かったのですが、今ではそれほど気にする必要はなくなりました。

GOPATHはgo env GOPATHで取得でき、標準では、$HOME/goです。これは環境変数$GOPATHで上書きできます。

GOROOT同様に、GOPATH以下の/bin/にGoの実行バイナリが配置されるため、次のように$PATHを通しておくと良いでしょう。

```
export GOPATH=$(go env GOPATH)
export PATH=$PATH:$GOPATH/bin
```

これで最低限のGoの開発準備が整いました。

 **go getによるパッケージ
のインストール**

go getで外部パッケージをインストールできます。

go getはPerlのcpanmやRubyのgemのようなパッケージインストールをするコマンドですが、少しユニークなしくみになっています。CPANやRubyGemsのような中央サーバを持たず、GitやMercurial、Subversion、Bazzarのソースコードリポジトリを直接参照するようになっているのです。

たとえば、goreというツールをgo getする場合、次のコマンドを実行します。

```
% go get github.com/motemen/gore/cmd/gore
```

github.comをそのまま指定しています。次のURLにアクセスするとgoreのソースコードを見ることができます。

URL https://github.com/motemen/gore

さて、ここで、GOPATHの中を見てみましょう。

```
% ls $GOPATH
bin/    src/
```

2つのディレクトリがあります。binには実行形式コマンド、srcにはソースコードが配置されています。もしかしたらsrcというディレクトリの代わりにpkgというディレクトリがあるかもしれません。それについては後述します。

bin/の中を見るとgoreというファイルが配置されています。これはgo getでインストールされた実行形式ファイルです。

```
% ls $GOPATH/bin
gore
```

srcの中は次のような階層になっています。

```
% tree -L 3 $GOPATH/src
/Users/Songmu/go/src
├── github.com
│   ├── mattn
│   │   └── go-runewidth
│   ├── mitchellh
│   │   └── go-homedir
│   ├── motemen
│   │   ├── go-quickfix
│   │   └── gore
│   └── peterh
│       └── liner
└── golang.org
    └── x
        ├── text
        └── tools
```

github.com/motemen/goreのURLの階層構造そのままにディレクトリが作られ、ソースコードが配置されています。また、github.com/mitchellh/go-homedirなどの依存パッケージもあわせて配置されていることが分かります。

ソースコードだけではなく、.git/などのVCS（Version Control System）のバージョン管理履歴もあわせて配置されます。つまりGitで管理されているパッケージの場合、それをgo getするのは、git cloneしているのと同様です。

この{Repository FQDN}/{Repository Path}という階層構造がそのままパッケージ構成になる点はプロジェクトを開始するときにも留意するべきポイントです。これについてはあとで詳しく解説します。

srcの代わりにpkgがディレクトリにある場合

もしかしたら$GOPATH/srcが存在せず、pkgというディレクトリのみが存在するかもしれません。Go1.13以降、Modulesが正式化されるため、そういった新しい環境ではこのようになっている可能性があります（Modulesについては「1.3 Goをはじめる（start a tour of Go）」で解説します）。Modulesが有効な環境では$GOPAH/src以下にgo getしたソースコードが配置されることはなくなり、その代わり、$GOPAH/pkg/mod配下にパッケージのリビジョン（revision）ごとに細かくパッケージが配置されるようになります。たとえば図1のような具合です。

GoのREPLである goreを使う

前項でインストールしたgoreはGoの代表的な REPL（Read-eval-print loop）です。REPLとは、 Rubyのirbやpry、Perlのreplyのように、対話 的にプログラムを実行し、評価を出力する環境の ことです。

次は、goreを起動して、"Hello World"を実行 している様子です。

```
% gore -autoimport
gore version 0.4.0 :help for help
gore> fmt.Println("Hello World")
Hello World
12
<nil>
gore>
```

"Hello World"のあとに出力されている、"12" と "nil" は、Println関数の戻り値です。Printlnの シグネチャは次のようになっています。

```
func Println(a ...interface{}) (n int, err error)
```

つまり12バイト出力され、エラーがなかった ということを意味します。

このようにgoreは挙動を確認するときに便利 で、Goに慣れないうちはとても重宝します。

余談ですが、goreの真価を発揮させるために、 gocode、ppもあわせてインストールすると良い でしょう。これらをインストールしておくと、 gore上でコード入力の補完や、出力のハイライ ト、APIドキュメントの参照ができるようになり ます。

もちろん、これらもgo getでインストールしま す。

```
% go get github.com/mdempsky/gocode
% go get github.com/k0kubun/pp
```

goreを終了するには、Ctrl+d を入力してくだ さい。

プロジェクト管理のために ghqを導入する

{Repository FQDN}/{Repository Path} という パッケージの階層構造は、最初は慣れないかもし れませんが、実は理に適っています。Goのプロ ジェクトを開始する場合、このルールに従うとス

図1 $GOPAH/pkg/modディレクトリ

```
% tree -L 3 $GOPATH/pkg/mod
/Users/Songmu/go/pkg/mod
├── cache
│   ├── download
│   │   ├── github.com
│   │   ├── golang.org
│   │   └── google.golang.org
│   └── vcs
│       ├── 434f79a4b147edc55f3291424e4e021e69e3d8f7636dccb7d162f1b886e88dd5
│       ├── 434f79a4b147edc55f3291424e4e021e69e3d8f7636dccb7d162f1b886e88dd5.info
│       ├── 434f79a4b147edc55f3291424e4e021e69e3d8f7636dccb7d162f1b886e88dd5.lock
│       ├── （省略）
│       ├── ...
│       └── b44680b3c3708a854d4c89f55aedda0b223beb8d9e30fba969cefb5bd9c1e843.lock
├── github.com
│   ├── mattn
│   │   └── go-runewidth@v0.0.3
│   ├── mitchellh
│   │   └── go-homedir@v1.1.0
│   ├── motemen
│   │   ├── go-quickfix@v0.0.0-20160413151302-5c522febc679
│   │   └── gore@v0.4.0
│   └── peterh
│       └── liner@v1.1.0
└── golang.org
    └── x
        ├── text@v0.3.0
        └── tools@v0.0.0-20190228203856-589c23e65e65
```

ムースです。このとき重宝するのがghqです。

URL https://github.com/motemen/ghq

ghqはこの階層構造でソースコードリポジトリを取得、管理するためのツールです。Goにかぎらず、ほかの言語のプロジェクトでも統一的にソースコードを取得・管理できる点とghq listによる一覧機能が便利です。次のようにhomebrewでインストールできます。

```
% brew install ghq
```

ghqでソースを取得してくるディレクトリを指定します。筆者はGoに限らず、すべてのソースコードリポジトリを、"$GOPATH/src"に配置しています。

```
% git config --global ghq.root $GOPATH/src
```

ghq.rootは各種プロジェクトを配置していくディレクトリになります。好きな位置に決めておくと良いでしょう。

これで準備は完了です。ここでghq listと入力すると、ディレクトリ上にすでに存在するリポジトリの一覧を取得してくれます。また、ghq get <target>とすることで、リモートリポジトリのソースコードを取得できます。

<target>はかなり柔軟に指定ができ、賢い振る舞いをします。たとえば、次のように、各種URLやGitHubのパスなどを指定しても、柔軟に解釈して、ダウンロードしてくれます。

```
# 例
% ghq get git://my.example.com/hogehoge.git
% ghq get https://github.com/owner/reponame
% ghq get owner/repo
```

せっかくなので、GitHubにミラーされているGo本体のソースコードを取得してみましょう。

```
% ghq get golang/go
```

ミラー元を取得したいようであれば、次のようにURLを指定すると良いでしょう。

```
% ghq get https://go.googlesource.com/go
```

また、GitHub Enterpriseなど、独自のプライベートリポジトリでプロジェクトをホストしている場合でもghq getで、簡単にソースコードを取得できます。

```
% ghq get git@git.example.com:path/to/repo.git
```

これで、手元のソースコードリポジトリの管理を簡単にできるようになりました。

pecoでリポジトリ間の移動を簡単に

さて、これでソースコードのリポジトリが一元管理できるようになりましたが、$GOPATH/src配下の階層が深くなってしまい、そのままだと移動が面倒です。そこでpecoを使います。

URL https://github.com/peco/peco

pecoはターミナル上で標準入力をインクリメンタルにフィルタするUIを提供するツールです。これもまたhomebrewでインストールできます。

```
% brew install peco
```

pecoがインストールされたら、さっそくghqと組み合わせて使ってみましょう。お使いのシェルがzshの場合、リスト1のような設定を、.zshrcなどに書いてみてください。

peco-srcという関数を定義し、それをCtrl+]で呼び出せるようにしてあります。

この設定を読み込ませるためにシェルを再起動してください。ターミナル上で、Ctrl+]を入力するとpecoのUIが現れます。そこで適当にキー入力（例：motemen）を行うと、フィルタリングされていく様子が見て取れるでしょう。

ここで、適当なリポジトリを選択し、gを押して確定すると、そのプロジェクトディレクトリに移動できます。

これで、ghq getしたリポジトリに自由に移動

できるようになりました。

ghqとpecoはGoの開発にかぎらず重宝するツールですが、実はこの2つもGoで書かれたツールです。

Go製ツールの インストールについて

前項まででghqとpecoをbrewコマンドでインストールする例を取り上げましたが、これらはGo製のツールであるため、もちろんgo getでもインストールできます。ただし、go getでGoのツールをインストールする場合、次のような難点があります。

- Goの環境が必要になる
- 安定版ではなく開発中の最新状態を取得してしまう
- バイナリにビルド情報などが埋め込まれない

これらの問題を解決するために、ツールの提供者は、定期的にリポジトリにリリースタグを打って、それと同時に各環境用の安定版のリリースビルドを作成するのが通例です。その際ldflagsを用いてビルド情報などをバイナリに埋め込むように工夫することもあります(ldflagsについては本章の「1.4 Goらしいコードを書く」の節で取り上げます)。

GitHubでホストされているプロジェクトの場合、リリースビルドは、GitHub Releasesにアップロードされることが一般的です。そこからURLを取得して、ダウンロードしても良いのですが、URLを探すのが少し面倒だという問題があります。

homebrewなどのパッケージ管理ツールにそれらのツールが登録されている場合は、リリースビルドからの実行ファイルを自動的に取得してくれます。ですので、パッケージ管理ツールが使える限りはそこからツールをインストールするのが良いでしょう。

また、パッケージ管理ツールに登録されていないツールのリリースビルドをGitHub Releasesから簡単に取得するために、筆者はghgというツールを作成しています。こちらもお試しください。
URL https://github.com/Songmu/ghg

リスト1　peco-srcの定義(zsh)

```
bindkey '^]' peco-src
function peco-src() {
  local src=$(ghq list --full-path | peco --query "$LBUFFER")
  if [ -n "$src" ]; then
      BUFFER="cd $src"
      zle accept-line
  fi
  zle -R -c
}
zle -N peco-src
```

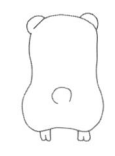

1.2
エディタと開発環境
コードフォーマッター、lintツールからドキュメント閲覧まで

エディタや開発支援ツールを正しく設定しましょう。標準で提供されているツール群を理解することはGoの哲学を理解することにもつながります。

Goとエディタ

エディタは使い慣れた好きなもので構いません。主要なエディタで開発のためのプラグインが整備されているためです。筆者は、Vimにfatih/vim-goというプラグインを組み合わせて開発をしています。

URL https://github.com/fatih/vim-go

筆者の周辺ではVimのほかにEmacs、GoLand、Visual Studio Codeなどがよく使われています。IDEの使い勝手を求めるのであれば、GoLandやVisual Studio Codeなどが良いでしょう。

個人的には、Goはコマンドラインツール作成にも向いた言語ですので、ターミナル上での開発をお勧めしたいところです。

Goのエディタに対する考え方

Goには開発支援用の周辺ツールが多数提供されています。開発支援用のツールとは、たとえばリファクタリング用のツールであったり、補完エンジンなどです。

Goは大きなIDEをまるっと提供するのではなく、これらのツールをエディタ内で組み合わせることで、使い慣れたエディタでIDEのような操作性を実現できるようになっています。実際、各種エディタ用のプラグインも内部的にはそれらの

ツールを使っているのです。

これは、Goらしいしくみであり、「小さな部品を合成して高機能なしくみを実現する」という考え方は、Unixの考え方に通じるものであり、Goで開発する上でも大事な思想になってきます。

開発支援用のツールを見る

さて、Go用の開発支援ツールを紹介していきます。エディタ用のプラグインが自動的にインストールしてくれることも多いのですが、それぞれどういうものがあり、どういう役割を果たしているかを知っておくことは、あとあと役に立つでしょう。

Goが標準で提供している機能は`go help`で見ることができます。

インストール時には同梱されていないものの、公式に開発されている有用なコマンドラインツール群が、golang.org/x/tools/cmd に存在します。次のURLに一覧があるので見てみると良いでしょう。

URL https://godoc.org/golang.org/x/tools/cmd

また、次のようにすることでこれらのツールをまとめてインストールできます。

```
% go get golang.org/x/tools/cmd/...
```

`...`はGoのツールでよく使われるワイルドカー

ドであり、指定配下のサブディレクトリを含むすべてのパッケージディレクトリにマッチします。

コードフォーマッター ～gofmt

コードフォーマッターとは、コードのインデントや改行位置、変数の整列などを自動調整してくれるツールです。

Goの開発においては、各プロジェクトのリポジトリにコミットする前にコードフォーマッターを適用するのがお作法になっています。ファイルを保存するたびに、フォーマッターをかけるようにエディタで設定している人も少なくありません。

Goのすばらしい点は、標準でコードフォーマッターが付属されている点です。それがgofmtです。たとえば、次のようなファイルをフォーマットしてみましょう。

```
package main
            import "fmt"
func main  () {fmt.Println("Hello World")
}
```

インデントがまったくそろっていません。ここでgofmtを使ってみましょう。

```
% gofmt -w main.go
```

整形対象のファイルを指定すると、整形後のソースコードが出力されます。-wオプションを付けると、ソースコードを出力するのではなく、対象のファイルを直接書き換える挙動になります。

```
package main
import "fmt"
func main() {
    fmt.Println("Hello World")
}
```

gofmtには設定項目が存在せず、単一のスタイルが強制されます。「公式のコードフォーマッター」が「単一のスタイルを強制する」というのは、窮屈に感じるかもしれませんが、それを受け入れると、「独自のスタイルが乱立しない」というメ

リットの方が大きく感じられるようになります。

たとえば、よく言われるのは「gofmtが強制するインデントがハードタブ（タブ文字）である」ことです。これには筆者も最初は戸惑いました。これまでほかの言語で開発をする場合「ソフトタブで4スペースか2スペース」というルールでコーディングすることがほとんどだったからです。ですので、gofmtのインデントルールをソフトタブに置き換える方法を探したのですが、もちろんそんなものは存在しません。なんて融通がきかないんだ、と思いました。しかし、いったん慣れてしまうとまったく気にならなくなり、逆に公式にルールを定めてくれているのがありがたいと思うようにもなりました。「そういうものなのだ」と割り切ってしまえば、インデントスタイルについてまわりの人間といちいち議論する必要がありません。OSS活動をする上でも、多くのプロジェクトのコーディングルールが統一されているのはとてもやりやすいものです。

このように、公式のコードフォーマッターが機械的に強制するスタイルに素直に従うことで俗に言う「自転車置き場の議論[注1]」を避けることができ、生産性の向上にもつながります。「自転車置き場の議論」とは、瑣末なことほど議論が紛糾する現象を揶揄して、FreeBSDのコミュニティ界隈から使われはじめた言葉です。Goにはこのような自転車置き場の議論を避けるための思想や工夫が言語仕様の面にも、あとに取り上げるlintツールにも表れています。

gofmtにまつわる思想については、次の資料に詳しく記述されているので興味があれば読んでみてください。

The Cultural Evolution of gofmt
URL https://talks.golang.org/2015/gofmt-en.slide#1
go fmt your code
URL https://blog.golang.org/go-fmt-your-code

注1) **URL** http://0xcc.net/blog/archives/000135.html)

コードフォーマッター＋imports文補助～goimports

goimportsはgofmtの上位互換のようなツールです。次のコマンドでインストールできます。

```
% go get golang.org/x/tools/cmd/goimports
```

goimportsはコードフォーマットのほか、パッケージを読み込むimport文の挿入と削除を自動的に行ってくれます。Goは使われていないパッケージがimport宣言されていた場合にコンパイルエラーになるため、自動で削除してくれるのは助かります。

さて、次のようなファイル（main.go）に対して、goimportsを実行してみましょう。

```
package main
func main() {
fmt.Println("Hello World")
}
```

gofmtと同様にファイルを引数に指定します。ファイルを上書きする-wオプションも同様にサポートされています。

```
% goimports -w main.go
```

コードがフォーマットされているほか、import "fmt"が自動的に挿入されています。

```
package main
import "fmt"
func main() {
    fmt.Println("Hello World")
}
```

このように、goimportsはgofmtよりも高機能であるため、gofmtの代わりにgoimportsを利用している開発者も多くいます。

ただ、goimportsはimportの解決に少し時間がかかるという難点があります。とくに $GOPATH/src に多くのパッケージを入れている場合にその傾向は顕著になります。また、gofmtにある-s、-rオプションがなかったりと、両者には細かい違いがあるため、必要に応じて使い分けも必要で

すが、筆者はほぼgoimportsのみを常用しています。

また、goimportsを高速化するためのdragon-importsというツールもあり、筆者はそれも利用しています。

URL https://github.com/monochromegane/dragon-imports

lintツール～go vetとgolint

標準でlintツールが付いてくる点もGoの優れている点です。lintツールはコードの静的解析を行い、次のような点を指摘してくれます。

- コード上でバグが発生しそうな部分
- スタイルがふぞろいな点
- Goらしくない書き方

主なlintツールには、標準で同梱されているgo vetと、公式ツールのgolintがあります。go vetはバグの原因になりそうなコードを検出するツールで、golintはGoらしくないコーディングスタイルに対して警告してくれるツールです。

golintは次のようにインストールしてください。

```
% go get golang.org/x/lint/golint
```

go vetとgolintはそれぞれ、ファイル指定、ディレクトリ指定、階層指定ができます。

```
% go vet main.go
% go vet .
% go vet ./...
```

それほど時間がかかるものでもないので、常に./...で階層指定しても良いかもしれません。試しに、適当なGoのプロジェクトがあれば、プロジェクトディレクトリで次を実行してみてください。

```
% go vet ./...; golint ./...
```

もしかしたら、うんざりするくらい警告が出力されたかもしれません。しかし、これらはすべて

直したほうが良い警告です。とくにgo vetが出力した警告に関しては必ず直す必要があるでしょう。

lintによる警告にうんざりしないためにも、Goを書くときはプロジェクトの最初から、go vetとgolintを定期的に実行するようにすると良いでしょう。忘れないように CI(Continuous Integration)での実行をお勧めします。go vetは警告がある場合には、コマンドはエラー終了しますが、golintでも同様に警告がある場合にエラー終了させたい場合には-set_exit_statusオプションを指定します。

```
% golint -set_exit_status ./...
```

go vetやgolintが出力する警告には、変数の命名規則や分岐の書き方、コメントの書き方など、最初は小うるさく感じられるような内容のものもありますが、これらをしっかり守ることで、Goらしいコードの書き方が身に付きます。コードに統一感が出ることで、gofmt同様に自転車置き場の議論を避けることができます。従っておくに越したことはないでしょう。

ちなみに、golintには-min_confidenceという検査の厳しさを調整するオプションがあります。この数値が小さいほど厳しくなり、デフォルトでは0.8になっています。デフォルトの設定に慣れてきたら、もっと小さな値に設定しても良いでしょう。

```
% golint -min_confidence=0.1 ./...
```

ドキュメント閲覧ツール〜 go docとgodoc

Goにはコマンドラインによるドキュメント閲覧用にgo docというサブコマンドが標準で用意されています。このほかに手元でhttpサーバを立て、ブラウザでのドキュメント閲覧を可能にするツールgodocがあります。次のようにインストールしてください。

```
% go get golang.org/x/tools/cmd/godoc
```

コマンドラインでパッケージのドキュメントを閲覧するには、次のようにgo docの引数にパッケージを指定します。-allは詳細を表示するためのオプションです。指定しないと情報量が少ないため、常に付けると良いでしょう。

```
% go doc -all fmt 。 # fmtパッケージのドキュメントを表示
```

標準パッケージだけではなく、go getでインストールした外部パッケージのドキュメントも閲覧できます。

```
% go doc -all github.com/motemen/gore
```

次のように、ghqとpecoを併用すると、プロジェクトディレクトリ以下のパッケージのドキュメントにすばやくアクセスできるので重宝します。

```
% go doc -all $(ghq list | peco) | less
```

さて、godocの方も動かして見ましょう。次のコマンドを入力してください。

```
% godoc
```

ブラウザで http://localhost:6060 を開いてください。すると図2のような画面が開きます。

https://golang.org/ とほぼ同様の内容が表示されますが、オフラインでの開発や、手元のプライベートなパッケージのドキュメントにもすばやくアクセスできる点で有用です。

そのほかの便利なツールやパッケージ

最後に、次に挙げるエディタプラグインやIDEが内部的に利用するような便利なツールの説明とインストール方法をまとめて紹介します。

- gorename
- guru
- gopls
- gocode
- godef
- gotags
- analysis

これらのツールはエディタプラグインなどが自動的にインストールしてくれているかもしれません。初心者のうちは意識する必要はありませんが、慣れてきたら使い方を調べてみると良いでしょう。これらのツールは、多くが公式で開発されているところや、それと同時に静的解析のやりやすさからサードパーティでも積極的に開発が行われているところもGoの特徴といえるでしょう。

gorename

変数名や関数名のリネームをするツールです。

```
% go get golang.org/x/tools/cmd/gorename
```

guru

ソースコードの静的解析をするツールです。

```
% go get golang.org/x/tools/cmd/guru
```

gopls

公式で開発されている、GoのLSP（Language Server Protocol）サーバです。開発は始まったばかりですが、積極的に開発が進められています。これまでエディタでの補完や定義ジャンプは後述のgocodeやgodefによって実現されることが多かったのですが、これはそれらの置き換えを実現するものであり、公式開発でもあるため、今後に期待したいツールです。

```
% go get golang.org/x/tools/cmd/gopls
```

図2　gocdocの画面

迷いなくGoを書き始めるために

gocode

コード補完用のエンジンを提供するツールです。

```
% go get github.com/mdempsky/gocode
```

godef

定義ジャンプのためのツールです。

```
% go get github.com/rogpeppe/godef
```

gotags

ctags互換のタグを生成してくれるツールです。

```
% go get github.com/jstemmer/gotags
```

これは、ツールではなく、Goのソースコードの静的解析用パッケージ群です。独自の静的解析ツールの作成時に便利です。たとえば、社内のコーディング規約に則るためのlintツールを作るなどです。

```
import "golang.org/x/tools/go/analysis"
```

1.3
Go をはじめる
start a tour of Go

いよいよGoを書き始めていきましょう。

学習〜Tour of Go

Goを書き始めるにあたって、最初は何をすれば良いでしょうか。Goは初心者向けにとても優秀なチュートリアルである「A Tour of Go」を提供しています。日本語翻訳もあります。

URL https://go-tour-jp.appspot.com

何よりもまずはこれをするのが良いでしょう。ちなみに、日本語翻訳版は英語版に追従しきれていない場合があるので、可能ならば英語版がお勧めです。

URL https://tour.golang.org

途中いくつかExerciseがありますが、必ず取り組むようにしましょう。ただ、難しいExerciseもあるため、初学者には全部できないかもしれません。できないExerciseがあっても、気にせず進めてとりあえず最後まで進めてみましょう。

しばらくしてGoが書き慣れてきたら、あらためてA Tour of Goに取り組んでみてください。以前できなかったExerciseができるようになっていたり、新たな発見があるかもしれません。

ドキュメントを読もう

Goはとにかくドキュメントが充実しています。単なるAPIドキュメントだけではなく、考え方や

ガイドラインなどが公式のドキュメントページにそろっていますので一通り目を通しておくと良いでしょう。

URL https://golang.org/doc/

プロジェクトを始める

まずはリポジトリのディレクトリを作りましょう。Goのパッケージ配置ルールにそった階層構造で作りましょう。配置ルールは、`{Repository FQDN}/{Repository Path}`でした。これを`ghq root`配下に作成します。

リポジトリ名は、Goのパッケージとも関わってくるので、すべて小文字にする必要があります。慣例的に`go-`という prefix を付けることもあります。たとえば、GitHub上でmyprojというプロジェクトをホストするとき、筆者(Songmu)の場合ですと、github.com/Songmu/myprojというリポジトリを作ることになります。そのリポジトリを手元のマシンの`$(ghq root)/github.com/Songmu/myproj`に配置します。

GitHub Enterprise など、プロジェクトを自前のGitサーバでホストしている場合でも同様です。

たとえば、`git://my.example.com/hogehoge.git`というgitリポジトリの場合は、`$(ghq root)/my.example.com/hogehoge`にプロジェクトを配置します。

第1章 Goによるチーム開発のはじめ方とコードを書く上での心得

迷いなくGoを書き始めるために

ディレクトリ名とパッケージ名

Goはディレクトリ単位でパッケージが切られるため、mainパッケージを除き、ディレクトリ名はソースコード内に記述されるパッケージ名と同一であることが強く推奨されています。たとえば、先ほどのmyprojの場合ですと、そのディレクトリ直下のソースコードにはpackage myprojと書くことになります。例外的な慣例として、リポジトリ名にgo-というprefixを付ける場合もあります。この場合go-myprojというようなリポジトリになり、パッケージはmyprojになります。

ディレクトリ構成

Goプロジェクトのディレクトリ構成にはいくつか流儀がありますが、ここでは代表的な一例を図3に示します。

この構成は次のような特徴があります。

- トップレベルはGoのパッケージとして利用される
- cmd/以下にバイナリビルド用のmainパッケージが配置される
- サブパッケージが必要な場合はディレクトリを掘る
- Makefileをビルドのほかタスクランナー的に使う

Goのルールとして、testdataや_で始まるディレクトリは、Goのパッケージとみなされないというルールがあります。ですのでtestdata/や_tools/ディレクトリにGoのソースコード以外のファイルを配置していきます。

ファイル分割

Goは1つのパッケージディレクトリ階層内に複数のソースコードを配置できます。同じ階層のソースコード内のpackage宣言はすべて同じである必要があります。ファイル分割は任意で構いませんが、type（型）を定義してそれにいくつかのメソッドを定義する場合、それらのコードを1つのファイルに切り出すのは良いプラクティスです。たとえば、myprojパッケージ内で、type Hogeとtype Fugaを定義したい場合は次のようなファイル分割をすると良いでしょう。

- myproj.go
- エントリーポイント
- hoge.go
- type Hoge struct{...}の定義とそれに対するメソッド定義
- fuga.go
- type Fuga struct{...}の定義とそれに対するメソッド定義

図3 Goプロジェクトのディレクトリ構成

```
myproj/                    # pakcage myproj
├── Makefile               # ビルド定義のほかタスクランナー的にも利用される
├── myproj.go              # ソースコード
├── myproj_test.go         # テストコード
├── type.go                # typeを定義しているものなどはファイルを分けても良い
├── type_test.go
├── version.go
├── logger/    .           # 必要な場合サブディレクトリにサブパッケージを配置する(この場合はlogger)
│       └── logger.go      # package logger
├── cmd/                   # 実行バイナリ用のソースが配置される
│       └── myproj/        # package main
│           └── main.go
├── internal/              # 外部から利用されたくないパッケージを配置する(主にOSSプロジェクトで利用)
├── testdata/              # fixtureなどテストデータが配置される
└── _tools/                # Go以外のシェルスクリプトなどが配置される
```

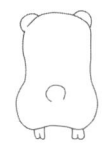

パッケージ分割

パッケージ分割に関してはGoはほかのプログラミング言語と比べると少し特殊に感じられるかもしれません。

クラス定義の階層と名前空間が対応しているプログラミング言語は多いですが、Goの場合その感覚でパッケージを分割してはいけません。

パッケージはその名のとおり一包みとして利用可能な単位であり、パッケージの中で利用されるコンポーネントの類は、typeを定義してtypeごとにファイルを分けるのが良いでしょう。

実際、Goでプログラムを書く場合、1つのリポジトリ内に多数のパッケージが必要になることはあまりありません。多くのパッケージが必要だと感じてしまう場合、それはパッケージの分割方法を誤っているか、1つのパッケージで実装したいものが大きくなり過ぎている可能性が高そうです。

単独のライブラリとしてほかのプロジェクトから使えるかどうかがパッケージを分割する判断基準になります。たとえば、ロガーパッケージをサブパッケージとして分割することは典型例といえるでしょう。

サブパッケージのインポート方法

標準パッケージ以外のパッケージのインポート方法には次の2通りがあります。

1. {Repository FQDN}/{Repository Path}の形式の絶対パスを使う
2. ソースコードからの相対パスを使う

どちらを使えば良いのでしょうか。これは前者の「絶対パスを使う」ように常に統一しましょう。

たとえば、プロジェクト内でパッケージを分割して、./loggerというパッケージディレクトリを作った場合には次のように絶対パスで指定します。

```
import "my.example.com/path/to/myproj/logger"
```

次のような相対パスでの読み込みは、今後は言語仕様として非推奨となるケースも増えるため、使わないほうが良いでしょう。

```
// 使わない
import "./logger"
```

 依存管理〜vendoringとModules

GitHubでホストされているようなサードパーティのパッケージを使う場合、バージョンの固定などの面倒を見てくれる依存管理のしくみが欲しくなることもあるでしょう。RubyでいうところのBundlerや、Perlで言うところのCartonのような機能です。

Goではバージョン1.6よりvendoringという個別依存解決の機能が入りました。この機能はプロジェクト配下のvendor/というディレクトリ以下にGoのパッケージを配置しておけば、既存のパッケージ読み込みより優先してそれ以下のパッケージを参照しにいく、というルールの機能です。

また、Go1.11から新たに実験的にModulesという機能が導入され、Go1.13に正式化される予定です。ここではModulesの機能を見ていきましょう。Modulesはgo modサブコマンドを使うことで利用できます。事前に$GO111MODULESという環境変数を"on"にしておいてください。

```
% export GO111MODULE=on
```

まず、プロジェクトディレクトリ内で、次のコマンドを実行してみましょう。モジュール名は適宜書き換えてください。

```
% go mod init github.com/Songmu/myproj
```

そうすると、go.modというファイルが作成されます。これは、依存関係の定義と管理のためのファイルです。この段階では、go.modにはほとんど記述されていませんが、これから、go get/test/buildなどの各種コマンドを実行されると

きに、適切に依存モジュールが抽出され自動更新されていきます。

ここでgo getを実行すると、go.modが自動更新されるとともに、go.sumというファイルも作成されます。go.sumはモジュールリストおよびそのスナップショットのハッシュ値情報が記録されたバージョンロックのためのファイルです。

このように、依存定義と管理のためのgo.modとビルド再現性のバージョンロックのためのgo.sumという一般的な依存管理ツールと同様の構成になっています。この2つのファイルはバージョン管理に含めて管理しましょう。

おおまかな使い方のイメージを掴むに、はオフィシャルブログのUsing Go Modulesという導入記事が良いでしょう。

URL https://blog.golang.org/using-go-modules

また、網羅的な情報は公式のWikiにまとまっています。

URL https://github.com/golang/go/wiki/Modules

とはいえ、多くの場合、Goの各種コマンドが自動的に適切に依存の更新や生成を行ってくれるため、覚えることはそれほどありません。ただ、自動的にいろいろやってくれるぶん、goコマンドが高い頻度でgo.modやgo.sumを更新するため、最初は少し驚くかもしれません。

以下に、よく行う操作を説明していきます。

依存の追加

Goのソースコード内にimportを追加しさえすれば、go getだけでgo.modおよびgo.sumの更新ができますが、以下のように明示的にパッケージを指定して追加することでも可能です。

```
% go get example.com/path/to/pkg
% go get example.com/path/to/pkg@v1.2.3
% go get example.com/path/to/pkg@master
```

上記のように@以降にバージョンを指定するこ

ともできます。バージョンはsemver（セマンティックバージョン）です。ですので、パッケージ作成者側もsemverに則ったバージョニングを行ってリポジトリにタグ付けすることが望まれます。

依存パッケージがセマンティックバージョニングされている場合、Modulesは最新のsemver tag時点をそのパッケージの最新版として取り扱います。これは良い仕様ですが、masterブランチの先頭（HEAD）ではないことに注意が必要です。依存パッケージの先頭を使いたい場合には@masterをバージョンに指定します。

依存のアップデート

go getに-uオプションを付けることで、依存の更新ができます。-u=patchとすることで、パッチレベルのみのバージョン更新や、パッケージ個別のアップデートもできます。

```
# 全体
% go get -u
# 全体（パッチレベルのみ）
% go get -u=patch
# 個別
% go get -u example.com/path/to/pkg
```

バージョンロックはあくまでもビルド再現性のためのものなので、一度バージョンを固定しても古いバージョンに留めず、定期的にかつ積極的にアップデートを行いましょう。

依存の整頓

```
% go mod tidy
```

go mod tidyはその名のとおり、依存の整頓をして「環境に関わらない」完全な依存ツリーを構築するものです。使わなくなったパッケージの削除や、足りないパッケージを追加します。

go getとは「環境に関わらない」という点が異なります。ここで言う環境とは、GOOSやGOARCH、その他Build Constraintsのことです。実は、go mod tidy以外のコマンドでの依存の更新は、実行環境、もしくはGOOSなどで指定

した環境にのみ限定された範囲でしか実行されません。

go mod tidyを使うことで、別環境で必要な依存や、テストのみ依存しているパッケージも正しく抽出できます。ですので、これは依存更新時に同時に実施すると良いでしょう。特に、実行環境が限定されないツールやライブラリを提供している場合には必ず実行するようにしましょう。

タスクランナーとして Makefileを使う

チームでプロジェクトを遂行していく上で、ソースコードの編集以外に考慮しないといけないことはいろいろあります。たとえば、初期の環境設定、依存ライブラリのインストール、テストの実行、ビルド、デプロイなどです。

どんな言語の開発においても、そういった定型の「タスク」をまとめておく場所として、なんらかのタスクランナーを利用するのが一般的です。Rubyのrakeや、Node.jsのgulpのようなものです。

README.mdなどのドキュメントを充実させることも大事ですが、「実行可能なドキュメント」のようなかたちでタスクランナーを充実させることはプロジェクトを分かりやすくするために重要です。

Goのプロジェクトの場合、古くからあるビルドツールであるmakeをタスクランナーとしてよく利用します。プロジェクトで利用するMakefileの一例を次に示します。

```
# メタ情報
NAME := myproj
VERSION := $(gobump show -r)
REVISION := $(shell git rev-parse --short HEAD)
LDFLAGS := "-X main.revision=$(REVISION)"

export GO111MODULE=on

## Install dependencies
.PHONY: deps
deps:
	go get -v -d

# 開発に必要な依存をインストールする
## Setup
.PHONY: deps
devel-deps: deps
	GO111MODULE=off go get \
		github.com/golang/lint/golint      \
		github.com/motemen/gobump/cmd/gobump \
		github.com/Songmu/make2help/cmd/make2help

# テストを実行する
## Run tests
.PHONY: test
test: deps
	go test ./...

## Lint
.PHONY: lint
lint: devel-deps
	go vet ./...
	golint -set_exit_status ./...

## build binaries ex. make bin/myproj
bin/%: cmd/%/main.go deps
	go build -ldflags "$(LDFLAGS)" -o $@ $<

## build binary
.PHONY: build
build: bin/myprof

## Show help
.PHONY: help
help:
	@make2help $(MAKEFILE_LIST)
```

ビルドのルールが少し複雑になっていますが、そこに関してはビルドの項目で詳しく説明します。

このMakefileをプロジェクトディレクトリに配置して、make setupと打つと、必要なツール類がインストールされます。

testのほかにlintというタスクを定義してあるのがこのMakefileの特徴です。これらを継続的に実行して、指摘事項を修正し、Goの規約に従うようにしましょう。

また、go buildでバイナリをビルドする際に、-ldflags引数を利用して値を埋め込むようにしています。具体的には、gitのリビジョンを埋め込んでいます。これらの情報を参照できるようにしておくと、不具合の調査の際などに有用でしょ

う。

　make devel-deps でインストールされる make2help は Makefile の自己文書化のためのツールです。試しに make help を実行してみると、次のように Makefile 内のタスクとコメントで記述していた説明が出力されます。

```
% make help
build:          build binary
deps:           Install dependencies
devel-deps:     Setup
help:           Show help
lint:           Lint
test:           Run tests
```

　Makefile は開発中に随時メンテナンスしていきましょう。タスクが複雑なルールになりそうな場合は、シェルスクリプトなどにまとめ、_tools/ディレクトリに配置して、タスクからはそのシェルスクリプトを呼び出すに留めるなどすると良いでしょう。

1.4
Goらしいコードを書く
Goに入ってはGoに従え

プロジェクト内でコーディング規約を設けることは大事ですが、Goにはこれまで紹介したとおり、開発支援ツールが整っているため、簡単に規約を設定し、それを守らせることができます。具体的にはgofmtやgoimportsなどのフォーマッターを必ず定期的に実行し、go vetやgolintに指摘された項目は必ず修正するようにすれば良いのです。それらに従うことで、自然とコードの均一化が図られ、Goらしいコードにもなるはずです。

よりGoらしいコードを書くために

Goの規約に従えばGoらしいコードになると、「1.2 エディタと開発環境」にて書きましたが、もう少し踏み込んでよりGoらしいコードについて解説していきます。

まず、公式で「Effective Go」というドキュメントが提供されています。

URL https://golang.org/doc/effective_go.html

ここに書かれていることは、実は、gofmtやgoimports、go vetやgolintを使っていればだいたい身に付いてくる自然なスタイルです。ですので、Goに慣れてきてから読んでみるとサラッと読めるのでお勧めです。

次に、PerlやRubyのようなスクリプト言語で開発してきた人間が陥りがちな、Goらしくないコードとその解決策について解説します。

panicを使わずに、errorをちゃんと返し、エラーチェックを確実に行う

Goにはpanicという例外のようなものがあります。ただし、多くのプログラミング言語に備わっているような例外機構はないものだと考えたほうが良いです。panicを使えば大域脱出できそうに思うかもしれませんが、panicは本当に例外的に、とにかくプロセスを終了させるしかないような状況の場合にのみ使うことが想定されているので、基本的には使いません。

エラー処理は、複数の値を返し、末尾の戻り値がerrorを返すようにするのが定石です。

```
result, err := doSomething()
if err != nil {
    return err
}
```

関数の戻り値を1つにして、その値によってエラー分岐を行う、などはしない方が賢明です。また、エラーチェックは必ずしましょう。Goをはじめたばかりの人はこれらに抵抗感を感じてしまうことが多いようですが、そのうち慣れます。とにかく、Goでは多少愚直であっても、素朴に書くことが重視されます。

正規表現を避けてstringsパッケージを使う

正規表現は便利です。慣れるとあらゆる文字列操作を正規表現でやりたくなってしまいますが、Goの場合は利用しないほうが良いでしょう。

Goの標準のregexpパッケージは十分に高機能であり、使い勝手も悪くありません。ただ、パフォーマンスが悪いため、あまり頻繁には使わないほうが良いでしょう。どれくらいパフォーマンスが悪いかというと、正規表現マッチをするだけの単純なプログラムを書いた場合、下手をすればPerlスクリプトにも処理時間で負けてしまうくらいには悪いのです。これは、コンパイル言語にとっては、かなり痛いパフォーマンスイシューであるといえるでしょう。ちなみに、パフォーマンスが悪いのは、最悪ケースでの処理時間が極端に遅くならないように設計されている、などの理由があるようです。

ですのでGoでは正規表現はなるべく避けたほうが良いのですが、それでは文字列操作をしたい場合にはどうすれば良いのでしょうか。

文字列操作のためのstringsパッケージ

Goにはstringsという文字列操作のための標準パッケージが用意されており、ここに便利な機能が一通りそろっています。表1に代表的な関数を示します。

そのほかにも有用な関数がそろっていて、だいたいの文字列操作には困らないので、ドキュメントに一通り目を通しておくと良いでしょう。もちろん、どうしても正規表現が必要な場合もあるでしょう。その場合のプラクティスも説明します。

どうしても正規表現を使う場合

正規表現パターンの生成にはコストがかかるため、実行中に動的に生成するよりは、可能な限り初期化時に生成しましょう。具体的には、packageのvarかinitの初期化の際にパターンの生成を済ませてしまうということです。その際、正規表現パターンの生成にはregexp.MustCompileを使います。

また、正規表現の文字列は" "ではなく、常時` `で囲むraw string literalを使って、余計なエスケープを省き可読性を上げることも重要です。

```
var wordReg = regexp.MustCompile(`\w+`)
```

MustXXXという関数の命名規則は、絶対に引数を間違う可能性がない場合に使われます。万が一間違っていた場合にはpanicを発生させるのが慣例です。つまり、MustCompileはpanicする可能性があるため、実行中の関数の中で使ってはいけません。

実行コストとの兼ね合いもあり、あまり頻繁には使わないほうが良いですが、実行中に動的に正規表現パターンを組み立てたい場合には、regexp.Compileを使い、必ずエラーチェックを行うようにしましょう。

```
reg, err := regexp.Compile(`...`)
if err != nil {
    // エラーチェック
}
```

表1 stringsパッケージの代表的な関数

関数定義	説明
HasPrefix(s, prefix string) bool	文字列がある文字列で始まるか判定する
HasSuffix(s, suffix string) bool	文字列がある文字列で終わるか判定する
Contains(s, substr string) bool	文字列がある文字列を含むか判定する
Fields(s string) []string	文字列を空白区切りで分割する
Split(s, sep string) []string	セパレーターで文字列を分割する
SplitN(s, sep string, n int) []string	セパレーターで文字列を分割する。最大nの長さで返す
TrimSpace(s string) string	文字列の前後の空白文字を取り除く
Trim(s string, cutset string) string	文字列の前後からcutsetに含まれる文字を取り除く
Replace(s, old, new string, n int) string	文字列の置換を行う

　正規表現はスイスアーミーナイフなどと呼ばれることもあり気軽に使いがちです。Goの場合は「ここぞ」というときにのみ伝家の宝刀的に使うに留めましょう。

mapを避ける

　スクリプト言語ですと、ちょっとしたデータ構造を扱うためにハッシュマップを気軽に使いますが、それと同じ気分でGoでmapを使うのは良いとはいえません。Goは型のある言語ですので、可能な限りちゃんと **struct** で **type** を定義する方が利点が大きいです。フィールドと値の関係が分かりやすくなることや、フィールドアクセスに対してエディタで補完が効いたり、typoをコンパイル時に検出できるなどのメリットがあります。

```
d := map[string]string{
    "foo": "bar",
    "baz": "qux",
}
```

　ちゃんと **type** を定義できるのでれば、次のように書くほうが良いでしょう。

```
type data struct {
    foo string
    baz string
}
d := data{
    foo: "bar",
    baz: "qux",
}
```

　type を定義すれば、メソッドを追加できることも利点の1つです。

　map が本来の用途で必要になることもあるでしょう。その場合、**map** に対する操作はスレッドセーフではないことに気を付ける必要があります。つまり、複数のgoroutineから同時にアクセスした場合に、変な値を読み込んだり、プログラムがクラッシュしたりする可能性があるということです。

　そのため、**map** へのアクセス時には排他制御に気を付ける必要がありますが、その際には sync パッケージの **RW Mutex** を使うのが定石です。次に、**map** と sync.RWMutex を利用して、簡単なオ

リスト2　オンメモリのkey-valueを実現する型KeyValueの例

```go
package main
import (
    "fmt"
    "sync"
)
// KeyValue のための型。内部にmapを保持している
type KeyValue struct {
    store map[string]string // key-valueを格納するためのmap
    mu    sync.RWMutex       // 排他制御のためのmutex
}
func NewKeyValue() *KeyValue {
    return &KeyValue{store: make(map[string]string)}
}
func (kv *KeyValue) Set(key, val string) {
    kv.mu.Lock()           // まずLock
    defer kv.mu.Unlock() // メソッドを抜けた際にUnlock
    kv.store[key] = val
}
func (kv *KeyValue) Get(key string) (string, bool) {
    kv.mu.RLock()           // 参照用のRLock
    defer kv.mu.RUnlock() // メソッドを抜けた際にRUnlock
    val, ok := kv.store[key]
    return val, ok
}
func main() {
    kv := NewKeyValue()
    kv.Set("key", "value")
    value, ok := kv.Get("key")
    if ok {
        fmt.Println(value)
    }
}
```

ンメモリのkey-valueを実現するような型KeyValueの例をリスト2に記します。

reflectを避ける

Goはreflectパッケージを用いて、リフレクションを行うことができますが、基本的に使わないほうが良いでしょう。あまり黒魔術的なことをしてコードが分かりづらくなるよりも、素朴に書くのがGoらしいといえます。

ただ、ライブラリ作者などの場合、リフレクションを使わないといけないこともあるでしょう。reflectパッケージの使い方と使いどころについては第5章「The Dark Arts Of Reflection」で取り上げます。

巨大なstructを作らず継承させようとしない

Goはstructを定義してそれに対してメソッドを定義するというオブジェクト指向のようなことができます。しかし、一般的なオブジェクト指向言語における継承を使ったクラスの階層構造のようなことはできません。継承がない代わりに、埋め込みを使って委譲させることのみできます。

「継承より委譲」とはオブジェクト指向に対する警句として近年聞くようになりました。言語機能としてそもそも継承を提供しないというGoの割り切りには少し驚かされますが、理に適っています。

考え方として、たくさんのフィールドを持つような巨大なstructを定義するのではなく、再利用可能な小さな部品を組み合わせてデータ構造を定義することを心がけると良いでしょう。

並行処理を使い過ぎない

これは逆にGoの落とし穴ですが、Goではgoroutineを使ってあまりにも簡単に、気軽に並行処理ができてしまいます。そのため、なんでも並行処理をしたくなってしまい、逆にコードの可読性が落ちてしまうことがあります。また、レースコンディション（競合状態)のような発見しづらいバグを混入させてしまう危険性もあります。

このようなことのないよう、Goの素朴に書く原則に則り、多くの場所では直列で書くに留め、ホットスポット(処理に時間のかかりそうな部分)で並行処理を活用するのが良いでしょう。

Goのコードを読もう

本節では、よりGoらしいコードを書くためのプラクティスを取り上げましたが、Goらしいコードを書くための一番良い教材は、何と言ってもGoの標準パッケージのソースコードです。GitHub上のミラーリポジトリを次のようにghqで簡単に落としてくることができますので、手元においておくと良いでしょう。

```
% ghq get golang/go
```

Goの標準パッケージを読むことで、本節に書かれていたようなことが腑に落ち、Goでのプログラミングがよりしっくりくるようになることでしょう。

テストとCI

テストは重要ですので第6章「Goのテストに関するツールセット」で単独で取り上げます。テストコードを書いた場合、それを継続的に実行する

CI環境も構築すると思いますが、その際にテストコード以外に、**go vet**や**golint**での検査も行うようにすると、スタイルの警告も機械的に判定できるためお勧めです。

ビルドとデプロイ

Goで書いたプログラムのビルドとデプロイは簡単です。単に**go build**を行い、生成された実行バイナリをしかるべき場所に配置して実行すれば良いだけです。

また、**go build**時に、**-ldflags**オプションを利用してバイナリに情報を埋め込んだり、**-tags**オプションを利用してビルド対象のソースコードを切り替えたりするテクニックがあります。

たとえば、次のようにバージョン情報やgitのリビジョン情報をバイナリに埋め込むのは良いテクニックです。

```
go build -ldflags "
  -X main.revision=$(git rev-parse --short HEAD)"
```

また、次のようにビルド時にタグを指定して、ビルド対象のソースコードを切り替えることができます。

```
go build -tags=debug
```

ソースコードの冒頭に**// +build**から始まるコメント行とそれに続く空行を記述することでビルド対象のソースコードを切り替えることができます。このコメント行は、Build Constraintsやビルドタグなどと言われています。

たとえば上のように**-tags=debug**を指定してビルドする場合は、次のように、**debug.go**と**prod.go**を用意することで、デバッグフラグの切り替えを実現できます。

debug.go

```
// +build debug
package main
const debug = true
```

prod.go

```
// +build !debug
package main
const debug = false
```

ここでは定数ですが、関数の切り替えもやろうと思えば可能です。

ただ、これらの**-ldflags**での変数代入やBuild Constraintsは便利なぶん複雑になりやすいため、単純な用途で使うに留め、振る舞いを大きく変えないようにするのが賢明です。何のオプションも指定しない**go build**で本来の挙動が実現できるようにしておくことが大前提です。特にパブリックに公開するツールの場合、**go get**した場合でも正しく動作することが期待されます。たとえば、**main.version**のような情報を**-ldflags**で埋め込む例を見かけますが、バージョン情報は**go get**された場合でも表示させたいので、ソースコード内に明示的に記述するのが望ましいでしょう。

この、Build ConstraintsはGoの特色でもあるクロスコンパイルを実現する際に、各環境用にソースコードを切り替えるときにも利用される機能です。そのあたりについての詳細は第2章「マルチプラットフォームで動作する社内ツールのつくり方」にて取り上げます。

モニタリング

Webサーバなど何らかの常駐プロセスを動作させる場合、Goに限らずモニタリングすることは重要です。

Goでは**runtime**パッケージを利用して各種メトリクスを取得できます。とくに次のようなメトリクスに関しては定常的に計測して可視化と監視

をしておくと良いでしょう。

- runtime.NumGoroutine
  動作している Goroutine の数を取得
- runtime.ReadMemStats
  メモリやGCの状況を取得

これらの定常的な取得のために、golang-stats-api-handlerという便利なライブラリがあります。これは、http経由で**runtime**パッケージが提供する各種メトリクスを取得できるようにするものです。

URL https://github.com/fukata/golang-stats-api-handler

取得したメトリクスは、お使いの監視ツールと連携させて監視しましょう。とくに、goroutineを利用すると慣れないうちはリークさせてしまいがちなので、注意深く観察しておくと良いでしょう。

たとえば、リスト3のように、goroutineをあらかじめいくつか立てておいて、ワーカーのように並行処理を行わせるパターンがあります。この場合、タスクを送り込むチャンネル（channel）を最後にクローズ（close）しないと、タスクを待ち受けているgoroutineがいつまで経っても終了せずにリークしてしまいます。

まとめ

Goの開発環境構築から、プロジェクト開始、開発、運用に至るまで一通りのトピックを取り上げました。本章を参考にして、みなさんもぜひGoでの開発を始めてみてください。

リスト3　並列タスクを実行時にgoroutineリークを防ぐ

```go
func work() {
    workers := 5
    ch := make(chan *Task, workers)
    defer close(ch) // <- **最後にちゃんとcloseしないとリークする**
    for i := 0; i < workers; i++ {
        // 5つ並行でタスクを処理する
        go func() {
            // rangeでタスクを待ち受ける。chがcloseされたら抜ける
            for task := range ch {
                // タスクの処理を行う
                task.DoSomething()
            }
        }()
    }
    // タスクをチャンネルに送り込む処理
    for i := 0; i < 20; i++ {
        ch <- &Task{}
    }
}
```

第2章

マルチプラットフォームで動作する社内ツールのつくり方

Windows、Mac、Linux、どの環境でも同じように動作するコードを書こう

一口に社内ツールとは言っても、PerlやRuby、Pythonといったスクリプト言語で実装されることもあればJavaで実装されていることもあります。しかもこれらはユーザや各部署に配布する場合にランタイムの導入を強要します。Goでこれらの問題を解決することはできますが、あらかじめ知っておかないといけない開発ルールが存在します。本章ではそのルールを解説するとともにユースケースにしたがった解決方法を紹介します。

mattn
Twitter:@mattn_jp
GitHub:mattn
Blog:https://mattn.kaoriya.net/

2.1
Goで社内ツールをつくる理由
みんな違っていて当然

Goはちょっとしたツールを開発するのに向いています。まずはその理由を説明していきます。

さまざまな環境への対応がせまられる

一口にプログラマと言ってもフロントエンド、組み込み、サーバサイド、そのほかたくさんの業種があり、各種いろいろなプログラミング言語で実装されます。また社内のみなさんが使う環境もWindows、Linux、macOSなどさまざまです。

ツールを作ってみんなに配布したいと思っても、使っている環境の違いで動かないこともあります。RubyやPerl、Pythonといったスクリプト言語を使う場合、ユーザに各プログラミング言語のランタイム（プログラムの実行に必要な環境）をインストールしてもらう必要があります。スクリプト言語でなくてもJavaのようにランタイムが必要なものもあります。中にはランタイムのインストールを面倒に思う人もいれば、すでに別のバージョンのランタイムが入っていて誤動作を起こす人や、既存システムが動いているので別途インストールできないという人もいます。こういった状況が当たり前のようにあり得るなかで、社内向けのツール開発言語としてGoを選んでいるのには理由があります。

Goを採用する利点

Goはこのような異なる環境に対してもほぼ同一の実装を使うことができ、さらに各OS向けの実行モジュールをスタティックビルド（プログラムの実行に必要なライブラリがあらかじめリンクされていること）できるためランタイムのインストールをお願いする必要がありません。また前述のように異なるランタイムにより誤動作することもありません。できあがったバイナリをそのまま配布すればいいのです。

とても良いことづくしな話に聞こえますが、実は各環境でちゃんと動作させるためにはいくつか守らないといけないルールが存在します。本章では異なるプラットフォームでも正しく動作させるためにGoでどのように対処すべきかを説明していきます。

2.2
守るべき暗黙のルール
OS間の移植をあらかじめ想定する

アプリケーションを開発している時点でマルチプラットフォームを意識していれば、あとからほかのOSに移植することになったとしてもそれほど苦労もないのですがなかなかそうはいきません。しかしいくつかのルールを常に守ってさえいれば実はその苦労もいくらか軽減できるのです。

積極的にpath/filepathを使う

まずUNIX系OS向けに作られたプログラムをWindows上で動作させる場合、必ずと言って良いほど問題になるのがパスの操作です。もちろんファイルシステムの構造が異なるので違って当たり前なのですが、プログラマのちょっとした横着が原因でせっかく実装を共有できるはずなのにユーザが使ってみて問題が発覚したり、意図せずファイルが破損してしまうこともあります。

たとえばUNIX系OSをターゲットに開発されたソースコードでは、パス文字列のセパレータ/がソースコードで直接使用されていることがとても多く、また複数のパスを表記する際に使用するリストセパレータ:もハードコード（文字やデータをソースコードに直接埋め込んでしまうこと）されることがあります。

Windowsでも/を使ってファイルにアクセスすることはできますが、Windowsでのパスの表記はUNIXと大きく異なります。C:\Users\mattnのように:が出現しますし、C:\Program Filesのようにスペースが混ざることも珍しくありません。ときには変な場所にCという名前のディレクトリが生成されていたり、Cドライブ直下にC:\Programというディレクトリができあがってしまうこともあります。

こういった問題が起きないようにWindowsできちんとプログラムを動作させるためにはpath/filepathパッケージを使用します。リスト1のコードは、path/filepathパッケージを利用し、OSに依存したパスセパレータを使用してディレクトリ名を結合しています。

注意しなければいけないのが、物理的なファイルを操作する際に使うべきパッケージはpath/filepathでありpathパッケージではないということです。pathパッケージはhttpやftpなどの論理パスを操作するためのパッケージであり、path/filepathパッケージは物理パスを操作するためのパッケージです。Windowsにおいても論理パスを扱うのであればパスセパレータは\ではなく/なのですから、それらを正しく使い分けましょうということです。

たとえばアプリケーションを作成するとします。httpのリクエストパスがあるパターンにマッチした場合、ローカルのフォルダから該当のファイルを見付けてファイルの中身を返す処理を実装してみましょう。この場合、リスト2のようにpathとpath/filepathを使い分けなければなりません。

もしこのコードのfilepath.Baseを間違ってpath.Baseと書いてしまうとどうなるでしょう。試してみたい方はこのソースコードのfilepath.Baseをpath.Baseに変更しWindowsで試してみてください。

第2章 マルチプラットフォームで動作する社内ツールのつくり方
Windows、Mac、Linux、どの環境でも同じように動作するコードを書こう

次のフォルダ構成のmain.goとして保存しgo buildでビルドします。

```
├ main.go
│
└ data
   └ index.html
```

リスト1 path/filepathによるディレクトリ名の結合

```
package main

import (
  "log"
  "os"
  "os/user"
  "path/filepath"
)

func main() {
  u, err := user.Current()
  if err != nil {
    log.Fatal(err)
  }

  // "/" でパス文字列を結合しない
  dir := filepath.Join(u.HomeDir, ".config", "myapp")
  err = os.MkdirAll(dir, 0755)
  if err != nil {
    log.Fatal(err)
  }
}
```

ブラウザを開き次のURLにアクセスします。

URL http://localhost:8080/data/index.html

正しくアクセスできるのが分かるかと思います。次に

URL http://localhost:8080/data/..\main.go

にアクセスします。本来見えてはいけないmain.goの中身が見えてしまいます。

http上のバックスラッシュはURIの一部の文字としてWebサーバにそのまま渡されてしまいます。pathパッケージを使ってしまうとバックスラッシュがパスセパレータとして認識されないまま..\main.goというファイル名がos.Openに引き渡され、結果として公開していないはずのmain.goがサーブされることになります。

社内ツールであれば悪意のある人はそれほどいないかもしれませんが、これをインターネット上に公開してしまうと意図しない情報漏えいにつな

リスト2 pathパッケージとpath/filepathパッケージの使い分け

```
package main

import (
  "io"
  "log"
  "net/http"
  "os"
  "path"
  "path/filepath"
)

func main() {
  cwd, err := os.Getwd()
  if err != nil {
    log.Fatal(err)
  }

  http.HandleFunc("/", func(w http.ResponseWriter, r *http.Request) {
    // httpリクエストは論理パスなのでpathパッケージを使う
    if ok, err := path.Match("/data/*.txt", r.URL.Path); err != nil || !ok {
      http.NotFound(w, r)
      return
    }

    // 以降はパスを物理パスとして扱うのでpath/filepathパッケージを使う
    name := filepath.Join(cwd, "data", filepath.Base(r.URL.Path))
    f, err := os.Open(name)
    if err != nil {
      http.NotFound(w, r)
      return
    }
    defer f.Close()
    io.Copy(w, f)
  })
  http.ListenAndServe(":8080", nil)
}
```

がりかねません。

この手の問題はWindowsだけにとどまりません。HTTP経由でファイルをアップロードする処理でもよく見落としがちな問題があります。リスト3のコードを見てください。

誌面の都合上エラー処理は行っていません。これはブラウザからアップロードされたファイルをfilesというフォルダ内に格納するコードです。一見問題なさそうに見えますしブラウザでは問題なく動作しますが、curlなどを使えばアップロードするファイル名を自在に変更できてしまいます。たとえば次のコマンドを実行するとどうなるでしょうか。

```
$ curl -F "file=@foo.jpg;filename=../../../../../home↗
/mattn/.bashrc" http://127.0.0.1:5000/upload
```

リスト3　アップロードされたファイルをフォルダ内に格納するコード

```go
func upload(w http.ResponseWriter, r *http.Request) {
  if r.Method == "POST" {
    _, header, err := r.FormFile("file")
    s, _ := header.Open()
    p := filepath.Join("files", header.Filename)
    buf, _ := ioutil.ReadAll(s)
    ioutil.WriteFile(p, buf, 0644)
    http.Redirect(w, r, "/"+path, 301)
  } else {
    http.Redirect(w, r, "/", 301)
  }
}
```

リスト4　filepath.Baseを利用したファイル名の取得

```go
func upload(w http.ResponseWriter, r *http.Request) {
  if r.Method == "POST" {
    stream, header, err := r.FormFile("file")
    if err != nil {
      http.Error(w, http.StatusText(http.StatusInternalServerError),
        http.StatusInternalServerError)
      return
    }
    p := filepath.Join("files", filepath.Base(header.Filename))
    println(p)
    f, err := os.Create(p)
    if err != nil {
      http.Error(w, http.StatusText(http.StatusInternalServerError),
        http.StatusInternalServerError)
      return
    }
    defer f.Close()
    io.Copy(f, stream)
    http.Redirect(w, r, path.Join("/files", p), 301)
  } else {
    http.Redirect(w, r, "/", 301)
  }
}
```

動かしているユーザの権限によっては、意図せず.bashrcが書き換えられてしまいます。この処理を安全に実装するためには、リスト4のようにfilepath.Baseを使ってファイル名のみを取得する必要があります。

前述のとおり、これを間違ってpath.Baseを使用すると、バックスラッシュ文字を送られてきた場合に素通ししてしまいます。またhttpパッケージは簡単に実装できてしまうためエラーを無視しがちがです。ひとつひとつしっかりチェックすることが望ましいです。

積極的にdeferを使う

プログラミングでは初期処理があれば後処理もあります。一般的なプログラミング言語と異なり、Goの後処理は少しユニークな記法を使います。Javaではtry/catch/finallyを使用し、Rubyではbegin/rescure/ensureを使います。

たとえば回収すべきリソースが複数あり、かつ後処理を実行すべき順序が決まっている場合は、条件分岐を多段に書かないといけなくなります。たとえば次の手順を考えてみます。

第2章 マルチプラットフォームで動作する社内ツールのつくり方

Windows、Mac、Linux、どの環境でも同じように動作するコードを書こう

1. テンポラリディレクトリを作る
2. 作ったディレクトリの中にファイルを作る
3. 作ったテンポラリディレクトリを削除する

　これをJavaでtry-with-resourceを使わず思い付くままに実装すると**リスト5**のようになります。

　もちろん最近のエンジニアであれば、このような行儀の悪そうなコードを書く人はいないと思います。

　まず何らかの理由でディレクトリの作成に失敗した場合、ファイルは作られていないので後処理で問題が起きることはありません。またファイルの作成に失敗した場合も正しくディレクトリは削除されます。しかしファイルの書き込み途中で例外が発生した場合、Windowsでは問題が発生し得ます。Windowsではディレクトリが削除されずに残ってしまいます。

　これはFileWriterがディレクトリの中でファイルハンドルを握ってしまっているからです。ディレクトリの作成とファイルの作成に順序が必須であるように、削除にも順番が必須なのです。

1. FileWriterを閉じる
2. ファイルやディレクトリを消す

　この順番でなければディレクトリは消されません。つまり開発者はこのFileWriterの生存範囲をよく考えながらプログラミングしなければならなくなります。またtry-with-resourceを使ったとしてもソースコードがネストされてしまうので、手順が多い場合には可読性が下がってしまうかもしれません。

　Goではこのような問題を解決するためにdeferが用意されています(**リスト6**)。

　deferを使用すると呼び出したスコープを抜ける際に、呼び出された順番とは逆の順番で実行されます。つまり上記のコードであれば次のように処理されます。

1. ディレクトリが作られる
2. ファイルストリームが作られる
3. ファイルストリームが閉じられる
4. ディレクトリが消される

リスト5　Javaによる条件分岐

```java
import java.io.*;

public class Example {
  private static void doSomething() {
    File newdir = new File("newdir");
    try {
      // 作ったディレクトリはfinallyで消す
      newdir.mkdir();

      FileWriter fw = new FileWriter(new File("newdir/newfile"));
      // ここで例外が発生する
      fw.close();
    }
    catch (IOException e) {
      e.printStackTrace();
    }
    finally {
      // 実は消されないし例外も出ない
      for(String n: newdir.list()){
        new File(newdir.getPath(), n).delete();
      }
      newdir.delete();
    }
  }

  public static void main(String[] args) {
    doSomething();
  }
}
```

リスト6　deferによる後処理

```go
package main

import (
  "os"
)

func doSomething() error {
  err := os.MkdirAll("newdir", 0755)
  if err != nil {
    return err
  }
  // (2) 次にディレクトリが削除される
  defer os.RemoveAll("newdir")

  f, err := os.Create("newdir/newfile")
  if err != nil {
    return err
  }
  // (1) 最初にファイルハンドルが閉じられる
  defer f.Close()
  return nil
}

func main() {
  doSomething()
}
```

よってWindowsでもファイルハンドルが握りっぱなしになることがありません。Goプログラミングでは後処理が必要なオブジェクトを作った際にはエラーをチェックし、直後に defer で後処理する習慣を身に付けておくとほとんどのケースで問題が発生しなくなります。この話はWindowsのファイルシステムに限られた話のように聞こえますが、処理手順が複数ありロールバック手順が必要な場合に defer はとても強力な機能となります。

しかし単純に defer を呼び出して問題が起きないわけではありません（リスト7）。

たまに見かけるこのソースコードは、Linuxでは問題なく動作しますがWindowsではエラーになります。ioutil.TempFile は os.File のポインタとエラーを返しますが、呼び出し時点でファイルが開かれているので Windows では os.Rename が失敗します。os.Rename でファイルの移動を行ったり os.Remove でファイルを消したりする際には前もってファイルを閉じておきましょう。

なお defer は関数の呼び出し形式をとる必要があります。そのため、たとえば後処理としてフラグを変更する場合には、次のコードのようにクロージャを作成し呼び出しを指定しなければなりません。

```
var processing bool

func doSomething() {
  processing = true
  defer func() {
    // 関数を抜ける際に実行される
    processing = false
  }()

  // 何らかの処理
}
```

また呼び出しを指定する際の引数は defer を呼び出した時点の値でキャプチャされます。

```
func doSomething() {
  f, err := os.Open("test1.txt")
  if err != nil {
    log.Fatal(err)
  }
  defer f.Close()
  f.Write([]byte("Hello"))

  f, err = os.Open("test2.txt")
  if err != nil {
    log.Fatal(err)
  }
  defer f.Close(f)

  f.Write([]byte("World"))
}
```

f には defer を呼び出した時点の値が渡るのでそれぞれのファイルがきちんと閉じられます。しかし次のように間違いが起きやすいので注意が必要です。

```
var processing = 0

func doSomething() {
  processing++

  // 0ではなく1が渡される
  defer doAnothor(processing)

  processing--

  // 何らかの処理
}
```

リスト7　defer の呼び出し順によるエラー

```
func MyTempFile() (*os.File, error) {
  file, err := ioutil.TempFile("", "temp")
  if err != nil {
    return nil, err
  }
  defer file.Close() // Closeが遅すぎる

  if err = os.Rename(file.Name(), file.Name()+".go"); err != nil {
    return nil, err
  }
  return file, nil
}
```

積極的にUTF-8を扱う

　Windowsで Linux向けに作られたソフトウェアをコンパイルして実行するとよく問題になるのがエンコーディングの違いによる文字化けです。

　まずGoでの文字列の扱いを説明します。Goでは文字を扱う型としてbyteとruneが、文字列を扱う型としてstringがあります。string型はUTF-8で符号化されたバイト列を保持し、【】byte(s)でバイト列へ変換できます。またruneはユニコードのコードポイントを格納し、【】rune(s)でコードポイント列へ変換できます。ソースコード上では""はstring型、''はrune型として扱われます。コード値が0から255までであればbyte型への暗黙の型変換が行われます。しかし255を超える場合は明示的な型変換が必要になります。

```
var b1 byte = 'a'       // OK
var b1 byte = byte('あ') // OK
var b2 byte = 'あ'       // コンパイルエラー
```

　さて、ご存じのように日本語版WindowsはデフォルトではCP932(MSシフトJIS)であらゆる処理が実行されます。ANSI APIもCP932で処理され、コマンドプロンプトもデフォルトであればIMEで入力された文字列はCP932でエンコードされます。

　Goの標準ライブラリは、Windows上ではワイド文字APIが使用されています。よってたとえばコマンドプロンプトからコマンド引数で渡された文字列はワイド文字列APIにて自動的にUTF-8に変換され、標準ライブラリを使って生成された日本語ファイル名は文字化けせずに正しく作成されます。つまり開発者はそのソースコードがWindowsで動くのか知らなくても良いように設計されています。もちろん標準入力や標準出力についてはバイト列が書き込まれるわけですからUTF-8であると期待してしまうとWindowsで問題が発生します。

```
C:\>echo こんにちわ | my-goapp
```

　たとえば上記のコマンドはWindowsで期待しない動作になります。echoコマンドによりCP932で出力された「こんにちわ」はバイト列としてmy-goappの標準入力に書き込まれます。

　入力を与えるコマンド側もGoのようにUTF-8で標準出力するコマンドであれば問題になりませんが、ANSI APIを使って標準出力するWindowsのコマンドを使うとこの問題が発生します。これは次のようにGoから外部コマンドを実行し、その標準出力から得た文字列をUTF-8として処理する場合にも注意すべきです。

```
cmd := exec.Command("my-app")
b, err := cmd.CombinedOutput()
if err != nil {
  log.Fatal(err)
}
// バイト配列 b は CP932 かも知れない
fmt.Print(string(b))
```

　呼び出すコマンドにラッパーを作ってUTF-8で出力させるか、出力がCP932に限定されるのであればリスト8のようにCP932からUTF-8へのデコード処理を実装しても良いでしょう。

　標準出力だけでなく別のプログラムが生成したファイルを読み込む場合でも同様の問題が起きえます。ですのでGoでマルチバイト文字列を扱うのであれば極力UTF-8を基準に考え、取り巻く

リスト8　CP932からUTF-8へのデコード処理

```
package main

import (
  "fmt"
  "log"
  "os/exec"

  "golang.org/x/text/encoding/japanese"
)

func main() {
  cmd := exec.Command("my-app")
  b, err := cmd.CombinedOutput()
  if err != nil {
    log.Fatal(err)
  }
  // my-appからの出力はCP932であると限定しUTF-8へ変換する
  b, err = japanese.ShiftJIS.NewDecoder().Bytes(b)
  if err != nil {
    log.Fatal(err)
  }
  fmt.Print(string(b))
}
```

ファイルやコマンドおよび標準入出力もUTF-8
を扱えるものを選ぶと良いでしょう。

　以上のルールを守るだけでもWindowsと
Linux、FreeBSD、macOSでほぼ同じ動作となる
アプリケーションを実装できます。しかし特定の
機能に特化したアプリケーションを実装するため

にはどうしてもOS特有の機能を使ったり、C言
語向けに提供されているサードパーティライブラ
リを使わなければならない場合もあります。

　次ではそのような限定された環境に対してGo
でどのように対処していくかをユースケース別に
説明していきます。

2.3
TUIもWindowsで動かしたい

termboxとgo-colorble

Goでは一般的にTUIアプリケーションが作られることが多いのですが、だからといってWindowsでは動かないという理由にはなりません。TUIでもマルチプラットフォームで動かせるのです。

簡単にTUIアプリケーションが作れるtermbox

Linux向けのTUI（Text-based User Interface）アプリケーションではエスケープシーケンスが多く使われます。しかしエスケープシーケンスの表示は最近のWindowsでは正しく扱われません（Windows 10では設定により可能）。

ansicon[注1]というエスケープシーケンスを解釈してくれるツールもありますが、できれば配布したものをそのままWindowsでも動作させたいで

すし、ユーザにansiconの使用を強制したり説明するのは億劫です。Goではtermboxというライブラリを使うことでマルチプラットフォームで動作するTUIアプリケーションが作成できます。
URL https://github.com/nsf/termbox-go

標準入力から何かの一覧を読み取り、画面で選択して別のコマンドへ連携するツールpeco（図1）もtermboxを使っています。
URL https://github.com/peco/peco

termboxを使うとLinuxとWindowsでほとんど差異なくTUIアプリケーションが実装できるため、多くのOSSがtermboxを採用しています。表1にtermboxを使用した主なTUIアプリケーションをまとめておきますので参考にしてください。

TUIアプリケーションにはログを色付きで画面表示するものもあります。カラフルで見やすくとても便利なのですが、これまたWindowsで動作させると問題が発生します。

通常、色付きでログ出力する処理を実行するとWindowsでは意図しない内容で表示されてしまいます（リスト9）。

注1） **URL** https://github.com/adoxa/ansicon

図1　pecoの起動画面

リスト9　ログを色付きで出力

```
logrus.SetFormatter(&logrus.TextFormatter{ForceColors: true})

logrus.Info("succeeded")
logrus.Warn("not correct")
logrus.Error("something error")
logrus.Fatal("panic")
```

TUIもWindowsで動かしたい 2.3
termboxとgo-colorble

たとえば**リスト9**のソースコードをWindowsで実行すると、制御コードがそのまま画面に表示されてしまいます（**図2**）。

ここで紹介したいのがgo-colorableです。

URL https://github.com/mattn/go-colorable

go-colorable の使い方

go-colorableを使用すれば、上記のコードに1行足すだけで簡単にWindowsでも色付き表示されるようになります（**図3**[注2]）。

Goの多くのロガーパッケージには、ログの出力先Writerを指定する関数が用意されています。

注2） 実際の画像はサポートサイトで確認できます。
　　 URL https://gihyo.jp/book/2019/978-4-297-10727-7/

そのログ出力先に`colorable.NewColorableStdout`から得たWriterを設定する処理を**リスト10**のように実装するだけです。

go-colorableはUNIXの場合`os.Stdout`がそのまま引き渡されているので同じソースコードのままWindowsでもUNIXでも差異なく実装できるようになっています。

色だけでなくカーソルの移動や行削除、画面クリアなどもサポートしているので、エスケープシーケンスを使用したちょっとしたTUIアプリケーションであれば同様の修正だけで簡単にWindowsへの移植が完了します。

ぜひ「このプログラムはLinuxとmacOSでしか動かない」と諦めず、Windowsへの移植をチャレンジしてみてください。

図2　go-colorable使用前

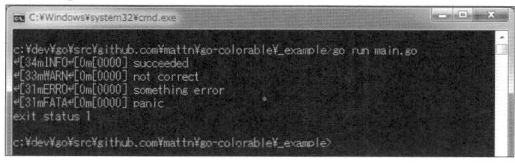

図3　go-colorable使用後

リスト10　go-colorableによるWindows用の色付き出力

```
logrus.SetFormatter(&logrus.TextFormatter{ForceColors: true})
logrus.SetOutput(colorable.NewColorableStdout()) // ココ

logrus.Info("succeeded")
logrus.Warn("not correct")
logrus.Error("something error")
logrus.Fatal("panic")
```

表1　termbox を使用した主な TUI アプリケーション

名前	URL	説明
godit	**URL** https://github.com/nsf/godit	Emacs風のテキストエディタ
gomatrix	**URL** https://github.com/GeertJohan/gomatrix	端末でマトリクス風の表示
gotetris	**URL** https://github.com/jjinux/gotetris	端末版のテトリス
sokoban-go	**URL** https://github.com/rn2dy/sokoban-go	端末版の倉庫番
hecate	**URL** https://github.com/evanmiller/hecate	端末版のバイナリエディタ
httopd	**URL** https://github.com/verdverm/httopd	httpサーバのログをtop風に表示
mop	**URL** https://github.com/michaeldv/mop	US株価市場を端末で表示
termui	**URL** https://github.com/gizak/termui	端末でダッシュボード表示
termloop	**URL** https://github.com/JoelOtter/termloop	端末向けゲームエンジン
xterm-color-chart	**URL** https://github.com/kutuluk/xterm-color-chart	カラーチャート表示
gocui	**URL** https://github.com/jroimartin/gocui	termboxを扱いやすくしたライブラリ
dry	**URL** https://github.com/moncho/dry	Dockerコンテナの管理ツール

2.4
OS固有の処理への対応
runtime.GOOSとBuilds Constraints

Goでは標準パッケージだけで、おおよその処理がOSの区別なしに実装できます。しかしそれでもやはりWindowsまたはLinux固有の実装というのは付きまといます。Goではこういった場合の解決方法が2つあります。1つはruntime.GOOSによりOSを判定する方法。もう1つはBuild Constraintsを利用したビルド時のOS振り分けです。

runtime.GOOSを使う

runtime.GOOSには実行されるOS名が格納されています。OSに依存した処理を分けて書きたい場合、パッケージの依存やOS特有のAPIなどが現れないときに限ってruntime.GOOSを判定して処理を振り分けることができます。

```
var cmd exec.Cmd
if runtime.GOOS == "windows" {
  cmd = exec.Command("cmd", "/c", "myapp.bat")
} else {
  cmd = exec.Command("/bin/sh", "-c", "myapp.sh")
}
err := cmd.Run()
if err != nil {
  log.Fatal(err)
}
```

本処理が実行されるOSが異なったとしてもソースコード上で変更があるのはexec.Commandに与えられる文字列だけです。ですので処理を振り分けたとしてもソースコードの見通しがそれほど悪くなりません。本書の執筆時点でGoの開発バージョンが取り得るGOOSの値は次のとおりです。

android、*darwin*、*dragonfly*、*freebsd*、*linux*、*netbsd*、*openbsd*、*plan9*、*solaris*、*windows*

Build Constraintsを使う

Build ContraintsとはGoのソースコードをビルドする際に指定できる条件識別、またはそれを使用したビルドの手順を指します。Goでは次の2つの規則を使用して各環境においてビルドに含まれるソースコードを明示できます。

・ファイル名による指定
・+buildコメントによる指定

ファイル名による指定

まずはファイル名による指定をみてみましょう。次のファイルが置かれているディレクトリでgo buildを実行すると、Windowsではcommand.go と command_windows.go が、Linux では command.goとcommand_linux.goがコンパイルされます。

・command.go
・command_windows.go
・command_linux.go

実際には次のルールにマッチしたファイルがコンパイル対象となります。

```
file_${GOOS}.go
file_${GOARCH}.go
file_${GOOS}_${GOARCH}.go
```

GOOSはruntime.GOOSと同様にOSの識別を指し、次の値のいずれかが使われます。

android、*darwin*、*dragonfly*、*freebsd*、*linux*、*netbsd*、*openbsd*、*plan9*、*solaris*、*windows*

またGOARCHはCPUアーキテクチャの識別を指し、執筆時点のGoの開発バージョンが取り得るGOARCHの値は次のとおりです。

386、*amd64*、*arm*、*arm64*、*mips*、*mips64*、*mips64le*、*mipsle*、*ppc64*、*ppc64le*、*s390x*

現在使っているOSやCPUアーキテクチャが知りたい場合にはgo envを実行すると確認できます。複雑な条件がない場合、たとえば「WindowsとLinuxしかサポートしない」といったときは、このファイル名による指定が使用できます。それぞれのOS向けのソースファイルfile_windows.goとfile_linux.goを準備すれば良いことになります。

またたとえばGoではinit関数を実装するとファイル単位に初期処理を書くことができます。WindowsとLinuxをサポートしたいがWindowsのみ初期処理を行いたい場合にはfile_windows.goに次のように記述することで実現できます。

```
package main

func init() {
    // Windows しか実行されない初期処理
}
```

+buildコメントによる指定

もう1つのBuild Constraintsはファイル単位に+buildコメントを使用して条件を書く方法です。各OSやアーキテクチャにしたがってコンパイル対象となるソースファイルを定義する、もしくはコンパイル対象から除外するといったことができます。

```
// +build [タグ]

package main
```

注意しなければならないのは、この// +buildとpackageの間に必ず1行、空行を入れなければならないことです。表2に各タグとその効果をいくつか示します。

これらのタグは、カンマで列挙することによりAND条件を意味でき、空白を挟むことでOR条件を表現できます。またタグ名に!を付与することでNOTを意味できます。複雑な指定をすると次のようなこともできます。

```
// +build linux,386 darwin,!cgo
```

この例ではLinuxの386CPUアーキテクチャ、もしくはdarwinで非cgoであることを意味しています。

また別の行に+buildコメントを書くことでさらにAND条件を記述できるようになり、次の例では「linuxもしくはdarwinで、かつどちらも386CPUアーキテクチャ」という条件になります。なお、linuxを指定した場合はandroidも対象に含まれます。androidを含まないlinuxを適用するにはlinux,!androidと指定する必要があります。

```
// +build linux darwin
// +build 386
```

またGoogle App Engine向けのアプリケーションを実装する場合はappengineというタグが使われるため、ほかのOSで使える機能をappengineでは無効にするといったこともできます。

表2　+buildタグと使用例

タグ	例
OS名	windows、linux、darwin、plan9
アーキテクチャ名	386、amd64、arm
cgo	cgo、!cgo
コンパイラ名	go、gccgo、!gccgo
ビルドタグ	devel
リリースタグ	go1.3、go1.5

さらに`go build`の対象に含まない場合には`ignore`を指定します。

```
// +build ignore
```

これで`go run`でしか実行できないようになります。

pkg-configを使って複雑なコンパイルオプションに対処

GoからC言語の処理を呼び出すには cgo を使います。cgo を使う場合、多くのケースでは Windows と Linux や macOS でコンパイルオプションが異なります。たとえばあるライブラリをリンクしたい場合、ライブラリ自身だけでなく、そのライブラリが必要としている別のライブラリもリンクしなければなりません。Windows であればライブラリが user32 に依存する場合は`-luser32`を指定する必要がありますし、Linux でリアルタイム拡張ライブラリをリンクする際には`-lrt`を指定しなければなりません。

cgo では次のように各環境により異なる CFLAGS や LIBS を個別にソースコード上に記述できます。

```
package mylib

// #cgo CFLAGS: -DPNG_DEBUG=1
// #cgo amd64 386 CFLAGS: -DX86=1
// #cgo LDFLAGS: -lpng
// #include <png.h>
import "C"
```

Windows と Linux でライブラリのファイル名が異なる場合には対応できますが、ライブラリがバージョンにより異なるライブラリファイル名を提供しているような場合には対応できなくなります。そこで cgo では`pkg-config`を扱えるようになっています。最近のライブラリには拡張子に`.pc`を持つファイルが付属しています。ライブラリをインストールすると`pkg-config`コマンドを使用してそのライブラリを使ったソースコードのコンパイルやリンクに必要なオプションを知ることができます。次のコマンドのようにすると、環境により異なるコンパイルオプションを取得できます。

```
$ pkg-config --cflags png
```

`pkg-config`がビルドに必要なオプションを教えてくれるので OS の違いやバージョン違いによるライブラリファイル名の違い、コンパイルオプションの違いにも対応できます。これを Go のソースコードで次のように記述し`go build`を実行するだけで必要なライブラリをリンクできるようになります。

```
package mylib

// #cgo pkg-config: png cairo
// #include <png.h>
import "C"
```

ソースコードにライブラリの場所を指定する必要がないのでソースコードをきれいに保つことができます。

2.5
がんばるよりもまわりのツールに頼る
ひとつのアプリケーションにひとつの仕事

Goはマルチプラットフォーム開発に向いていますが、すべてのニーズに適しているわけではありません。それぞれの環境に必要な対応が異なります。

Goアプリケーションのデーモン化

Goで実装するツールの中にはコマンドラインツールもあれば、バックグラウンドで実行するツールもあるでしょう。ツールによっては起動した直後にシェルからデタッチして常駐するものもあります。しかしGoでプロセスをデーモン化するには少しテクニックが必要になります。正確に言うと現状のGoではプロセスをデーモン化できません。syscallパッケージを使ってfork(2)を呼び出すことはできるのですが、マルチスレッドで動作するGoでは問題が発生します。fork後に各スレッドの状態を一致させるためには各スレッドをいったんサスペンド（停止）する必要がありますが、Goでは現状はその準備ができていません。起動したプロセスから自身を起動してデーモンのように見せかけるライブラリもいくつかありますが、そのライブラリに従ったコードを書かなければなりません。

人によって意見は分かれますが、がんばって

デーモン化を実現するよりも単体として機能するだけの実装にしておき、バックグラウンドで動作させる要件が出てきたタイミングで周辺のツールを使って実現する方があとあとのメンテナンス性に優れていると筆者は思います。

Linuxの場合

一般的にLinuxでプロセスをバックグラウンドで起動させるためにはsupervisordやdaemonize、upstart、systemdなどのツールやシステムが使われます（表3）。system-v系のinitスクリプトを書くのはそろそろ時代遅れかもしれません。

筆者の場合は最近のLinux OS標準であること、設定の記述が直感的であることを理由にupstartを使っています。GoのWebアプリケーションを起動するのであればupstartの設定ファイルはリスト11のようになります。

表3　プロセスのデーモン化を提供するツールまたはシステム

名前	URL	説明
daemonize	**URL** http://software.clapper.org/daemonize/	デーモン化のみを提供するコマンドラインツール
supervisord	**URL** http://supervisord.org	きめ細かい設定が可能なプロセス制御システム
upstart	**URL** http://upstart.ubuntu.com/	簡単な記述で設定できるLinux標準のプロセス制御システム

UNIXの場合

UNIXでは一般ユーザがポート80や443でlistenできません。実装によってはroot権限で起動したあとに80や443でのlistenしsetuid(2)を使って権限降格しながら処理するものもありますが、Goではsetuid(2)の使用は推奨されていません。setuid(2)はカレントスレッドに対してのみ適用されるため、各スレッドと協調する必要がありますが、Goではそのスレッド間で権限の協調するためのしくみが実装されていません。なおsetcap(8)を使って80および443でlistenするために必要な権限を指定する方法やrootで起動したサーバのファイルディスクリプタを一般権限で起動したプロセスから読み取る方法もありますが、筆者の場合こういった要件は周辺のツールで実現するのが良いと思っているのでnginxなどを使いリバースプロキシで捌きます。setuid(2)やsetcap(8)を使うよりもソースコードがLinuxに特化することもなく、簡単かつ安全に運用できます。またスケールアップやスケールアウトも簡単に実現できるでしょう。

Windowsの場合

Windowsでアプリケーションをバックグラウンド起動するにはnssmを使うと便利です。
URL https://nssm.cc/

```
nssm install go-app
```

を実行すると編集ダイアログが表示されます（図4）。

標準出力や標準エラーをファイルにリダイレクトしたり、出力したログファイルのローテーションもできたりとupstartなどとほぼ同等の機能が実現できます。筆者の場合、Windowsにおいてもポート80や443では直接待ち受けず、nginxやIISでリバースプロキシしています。

upstartやnssmを使ってプロセスをバックグラウンド起動し、nginxなどでリバースプロキシすることで、プログラマはOSに依存したGoのコードを記述する必要がなくなり、メンテナンス性も良くなります。

これはデーモン化に限った話ではありません。各OSに用意されたツールは、そのOSごとの問題点をすでに解決しているはずなので、新たにGoだけで問題を解決する必要はありません。アプリケーションは、それがやろうとしていることだけをうまく実装した方が良い結果を招く、と我々は昔から教えられてきました。

図4 nssmのダイアログ

![NSSM service installer ダイアログ]

リスト11 upstartの設定ファイル

```
description "Golang Web App"
author      "mattn"

start on (net-device-up and local-filesystems and runlevel [2345])
stop on runlevel [016]
respawn

console log
setuid mattn

chdir /home/mattn/dev/go-http
exec /home/mattn/dev/go-http/go-http
```

2.6
シングルバイナリにこだわる
アセットツールの活用

Goを使う理由の1つにGoのコンパイラが生成するバイナリがシングルバイナリであることが挙げられます。ここではそのシングルバイナリである点の活かし方を説明します。

Goはシングルバイナリ

Goではビルドしたバイナリがシングルバイナリになるので各環境に配布する際、バイナリ1つをポンとコピーすればデプロイが完了してしまいます。とても便利なのですが、アプリケーションの規模が大きくなるにつれアプリケーションの動作に必要なファイルが増えてきます。

たとえばWebアプリケーションが使用するテンプレートファイルや画像ファイルなどは、頑丈でかつリッチなアプリケーションを作成する際には不可欠です。でもせっかくシングルバイナリによって配布もデプロイも簡単になったのに、依存が増えたことでデプロイの手間が増えてしまっては台無しです。そんな場合に便利なのがアセットツールです。

有名なアセットツールを**表4**に示します。

以前はgo-bindataやgo-assetsが使われていましたが、どちらもメンテナンスされなくなってしまいました。また上に示したツールの中にはファイルアセットとしてだけでなく、Webサーバから

ファイルシステムとしてサーブするための機能も持ち合わせているものもあります。

statikを使う

statikを使うにはコマンドをインストールする必要があります。

```
$ go get github.com/rakyll/statik
```

statikを使うと静的なファイルをアセットとしてバイナリに埋め込むことができます。また静的なファイルシステムとして1バイナリでありながらWebサーバからファイルを配信できます。バイナリに埋め込みたいファイルは**public**というフォルダに格納します。

```
└── public
    ├── index.html
    └── logo.png
```

statikコマンドを引数なしで実行すると以下のようにソースファイルが生成されます。

表4　有名なアセットツール

名前	URL	GitHub Star
statik	 URL https://github.com/rakyll/statik	1692
packr	URL https://github.com/gobuffalo/packr	1582
go.rice	URL https://github.com/GeertJohan/go.rice	1488

```
├── public
│   ├── index.html
│   └── logo.png
└── statik
    └── statik.go
```

オプションによりディレクトリを変更できます。詳しくは**statik -h**を参照してください。

リスト12のように生成された**statik**ディレクトリをブランクインポート（_で匿名にインポートすること）すると、**fs**パッケージからフォルダpublicの中に格納されていたファイルのコンテンツにアクセスできるようになります。

応用例としてはWebサーバから静的コンテンツを応答する場合に使えます（**リスト13**）。

ここで**go:generate**と書かれたコメント行が

あります。Goでは**//go:generate**というマジックコメントのあとにコマンドを書いておくと続くコマンドが実行されます。

```
$ go generate
```

一般的には**go build**の際に必要となるGoのソースファイルを自動的に生成する目的で使用されます。上記の例であれば、**go generate**を実行すると**statik**を使ってフォルダpublic内のファイルからstatik.goが生成されます。もし新しい静的コンテンツをフォルダに追加した場合は**go generate && go build**を実行すれば一括で反映されるため、とても便利なハックです。**go generate**は複数個書くこともでき、実行すると既述された順番に実行されます。

リスト12　statikによるディレクトリの操作

```
package main

import (
  "io"
  "log"
  "os"

  _ "github.com/mattn/example-statik/statik"
  "github.com/rakyll/statik/fs"
)

func main() {
  statikFS, err := fs.New()
  if err != nil {
    log.Fatal(err)
  }
  f, err := statikFS.Open("/index.html")
  if err != nil {
    log.Fatal(err)
  }
  defer f.Close()

  io.Copy(os.Stdout, f)
}
```

リスト13　statikの応用

```
package main

//go:generate statik

import (
  "log"
  "net/http"

  _ "github.com/rakyll/statik/example/statik"
  "github.com/rakyll/statik/fs"
)

func main() {
  statikFS, _ := fs.New()
  http.Handle("/public/", http.StripPrefix("/public/", http.FileServer(statikFS)))
  http.ListenAndServe(":8080", nil)
}
```

packrを使う

statikと同様にpackrを使うにはコマンドをインストールする必要があります。

```
$ go get github.com/gobuffalo/packr/packr
```

packrではリスト14のように静的ファイルにアクセスします。

packrは面白いしくみを採用しており、静的ファイル化しない状態のままでもファイルにアクセスできるようになっています。このソースだと、ビルドした位置から相対で `./public/index.html` にあるファイルにアクセスできます。静的ファイル化したい場合には次のコマンドを実行すると、このソースファイルが解析され `./pubilc/index.html` が埋め込まれた状態でビルド、コマンドのインストールが行われます。

またpackrはOpenメソッドだけでなく、ファイルの一覧を取得したり、静的ファイルの中から文字列にマッチするファイルを検索するしくみなども備えています。

```
box := packr.NewBox("./templates")

s, err := box.FindString("admin/index.html")
if err != nil {
    log.Fatal(err)
}
fmt.Println(s)
```

statikもpackrもWebサーバから配信するためのファイルシステムとして扱えます。リッチなコンテンツにも関わらずバイナリ1つをコピーしただけで配布が完了するのはとても便利ですね。

Goで作成したRESTサーバとHTMLやCSS、JavaScriptで作成したWebサーバを1つのバイナリにしてしまえば立派なGUIアプリケーションです。

リスト14　packrによるファイルアクセス

```
package main

import (
    "io"
    "log"
    "os"

    "github.com/gobuffalo/packr"
)

func main() {
    f, err := packr.NewBox("./public").Open("index.html")
    if err != nil {
        log.Fatal(err)
    }
    io.Copy(os.Stdout, f)
}
```

2.7
Windowsアプリケーションの作成
いろいろなユーザを想定する

社内にはTUIが使えないユーザもいます。ここではWindows向けアプリケーションを開発する際のコツを説明していきます。

Windowsアプリケーションの作り方

ときにはWindowsアプリケーションを配布することもあるかもしれません。ところが、GUIアプリケーションを起動したのにコマンドプロンプトが表示されてしまうと残念な気持ちにならざるを得ません。Windowsではアプリケーションの起動時にコマンドプロンプトが表示されるコンソールアプリケーションと、表示されないWindowsアプリケーションがあります。Goのgoコマンドでは-Hオプションによりこのモードを変更できます。

```
go build -ldflags="-H windowsgui"
```

リソースファイルをリンクする

またWindowsでexeファイルにアイコンを付けるには、次のようなリソースファイルを用意します。

```
IDI_MYAPP ICON "myapp.ico"
```

アイコンだけでなくバージョン番号などを含んでも構いませんし、GoからWindows APIを使って文字列リソースにアクセスすることもできます。次にwindresコマンドでリソースファイルをコンパイルします。

```
windres myapp myapp.syso
```

できあがった拡張子sysoのファイルはgo buildを実行したときに一緒にリンクされるようになっているので、次のようなMakefileを準備しておくとビルド時に便利です。

```
all : myapp.exe

myapp.exe : main.go myapp.syso
	# Windows GUI 向けのヘッダを指定する
	go build -ldflags="-H windowsgui"

myapp.syso : myapp.rc
	# リソースファイルをコンパイルする
	windres myapp.rc myapp.syso

clean :
	-rm *.syso *.exe
```

GUI を作るなら

GoでマルチプラットフォームなGUIを作るなら次のパッケージがお勧めです。

- GoQt　**URL** https://github.com/visualfc/goqt
- ui　**URL** https://github.com/andlabs/ui
- go-qml　**URL** https://github.com/go-qml/qml
- go-gtk　**URL** https://github.com/mattn/go-gtk
- walk　**URL** https://github.com/lxn/walk

ちなみにgo-gtkは筆者が開発しています。さらにGo開発者グループも現在shinyというGUIライブラリを開発中です。Electronを使ったGUIなどもあるので詳しくはawesome-goのGUIセクションを探してみるのがお勧めです。

URL https://github.com/avelino/awesome-go#gui

2.8 設定ファイルの取り扱い
マルチプラットフォームでの注意

多くのユーザが触るアプリケーションでは各ユーザのニーズに合わせて動作を変えたいという要望が出てきます。一般的に設定ファイルが使われますが、その設定ファイルの扱いにもいくらか留意しておくべきことがあります。

設定ファイルを扱うときの注意

アプリケーションに設定ファイルは必須です。とくにログイン情報を格納したり、ユーザ固有の設定を次回起動時に有効にするためには設定ファイルに保存しなければなりません。しかし設定ファイルを扱うには考えなければならないことが2つあります。

・どのフォーマットにするか
・設定ファイルをどこに置くか

開発当初はそれほど設定項目もないので、問題は起きないように思えます。しかし、これらの選択を失敗すると開発が進むにつれて設定ファイルの格納方法に問題が起き始め、次第に破たんし始めます。

どのフォーマットにするか

設定ファイルのフォーマットにもいろいろあります。INIファイル、JSON、YAML、TOMLなどが一般的です。それぞれにメリットとデメリットがあります。

INIファイル

Windowsで主に使われており、セクション内にキーと値のセットを記述できます。コメントも書けて便利ですが、明確な仕様が定義されて来なかったためにエンコーディングや扱えるエスケープ文字に関して実装の差異が生まれてしまっています。

JSON

あらゆる言語で扱うことができ拡張性もありますが、コメントが書けません。コメントを書けるようにしたハックや専用のパーサとシリアライザもあります。しかし、ほかの環境やライブラリを使用して正しく動作する保証はありません。作者しか設定ファイルの内容を知らなくても良いのであれば一番扱いやすいでしょう。HTTPのREST APIなどに使われているため、ネットワークを超えて扱えるというメリットもあります。またRFC 4627にて仕様が明記されているので、実装の違いにより正しいとされる挙動が異なることもありません。

YAML

YAMLもJSONと同様に拡張性が高くしかもコメントも書けます。しかし初学者には直観的でなく若干の学習コストが必要になります。

TOML

後発だけにいろいろな問題を解決していますが、まだ新しいフォーマットであるため各言語向けのライブラリに品質の差異ができてしまっています。

いろいろありますが、現状相応しいフォーマットはJSONもしくはYAMLだと思います。JSONは標準パッケージで、YAMLはgo-yaml[注3]で扱えます。筆者の場合はJSONを使うことが多いです。

設定ファイルをどこに置くか

一般的に設定ファイルはアプリケーションと同じ位置に置き、引数により設定することもあります。何度も起動されるようなツールではホームディレクトリ配下のどこかに置かれることもあります。

UNIXでは昔は`$HOME/.myapp`のようなファイルに独自形式で格納されていましたが、ここ最近はXDG Base Directory Specificationにより提案されている仕様の一般的な用途である`$HOME/.config/`配下に設定ファイルを置くことが多いで

す。Windowsでも同じ挙動として`%USERPROFILE%\.config\`を使っても良いですが、筆者の場合は`%APPDATA%\my-app\`の配下に`config.json`を置くことが多いです。設定ファイル以外も置くことがあるので、あらかじめディレクトリを作っておいた方が良いでしょう。

気を付けなければならないのが、ホームディレクトリの位置を得る際に`os/user`パッケージを使わない方が良いということです。リスト15は`os/user`を使って設定ファイル`~/.config/my-app/config.json`を読むコードの例です。

`os/user`パッケージは便利なのですが、一部のOSでは`cgo`を使って実装されているためクロスコンパイルを行った際に正しく動作しなくなります。たとえばLinuxでこのソースコードをmacOS向けにクロスコンパイルすると、ホームディレクトリが空となり意図しない場所の`.config`が参照されます。よく起こる勘違いですが、`cgo`を使ったクロスコンパイルには、ターゲット環境のバイナリを出力できるC言語コンパイラが必要です。さらにユーザ情報などOS固有のAPIを扱うためにはそのOSのライブラリも必要になります。WindowsであればDLLに処理が実装されているのでそれほど問題になりませんが、macOSのユーザ情報はmacOSのライブラリでしか取得できな

注3) **URL** https://gopkg.in/yaml.v2

リスト15 os/user **パッケージによる設定ファイルの参照**

```go
type config struct {
  ApiKey    string `json:"api_key"`
  MaxCount int     `json:"max_count"`
}

func loadConfig() (*config, error) {
  // 現在のユーザを取得する
  u, err := user.Current()
  if err != nil {
    return nil, err
  }

  // ホームディレクトリを参照する
  fname := filepath.Join(u.HomeDir, ".config", "my-app", "config.json")
  f, err := os.Open(fname)
  if err != nil {
    return nil, err
  }
  defer f.Close()
  var cfg config
  err = json.NewDecoder(f).Decode(&cfg)
  return &cfg, err
}
```

いので、たとえばWindowsでmacOS向けのプログラムをクロスコンパイルする際にos/userを使っていると正しく動作しなくなります。なおこの問題が発生するのはos/userくらいで、ターゲット向けのライブラリがある状態で環境変数CGO_ENABLED=1を設定して各OS向けのGoをビルドし直すことで解決できます。

Go 1.12からはos.UserHomeDir()という関数が追加され各プラットフォームの違いに影響せず、かつcgoを使っていないAPIが追加されています。

しかし設定ファイルに関してはUNIXは$HOME/.configに、Windowsは%APPDATA%配下に置くのが良いとされていますので、リスト15は環境変数を使ってリスト16のようにするのが良いでしょう。

JSONをきれいに吐き出す

設定ファイルは、ユーザが直接エディタで編集することが多いと思います。次のソースコードは設定ファイルを出力するための構造体です。

```go
type target struct {
    Name      string `json:'name'`
    Threshold int    `json:'threshold'`
}

type config struct {
    Addr   string   `json:'addr'`
    Target []target `json:'target'`
}
```

これを次のようにJSON出力してみて下さい。

```go
b, _ := json.Marshal(&cfg)
fmt.Println(string(b))
```

次のように改行されることなく出力されます。

```
{"Addr":":8080","Target":[{"Name":"foo","Threshold":3},{"Name":"bar","Threshold":4}]}
```

これをきれいにインデント付きで出力するにはMarshalIndentを使います。

```go
b, _ := json.MarshalIndent(&cfg, "", "  ")
```

すると次のようにきれいなJSONが出力され、ユーザがエディタで編集しやすくなります。

```
{
  "Addr": ":8080",
  "Target": [
    {
      "Name": "foo",
      "Threshold": 3
    },
    {
      "Name": "bar",
      "Threshold": 4
    }
  ]
}
```

リスト16　環境変数による設定ファイルの参照

```go
func loadConfig() (*config, error) {
    // ホームディレクトリを参照する
    var configDir string
    home := os.Getenv("HOME")
    if home == "" && runtime.GOOS == "windows" {
        // WindowsでHOME環境変数が定義されていない場合
        configDir = os.Getenv("APPDATA")
    } else {
        configDir = filepath.Join(home, ".config")
    }
    fname := filepath.Join(configDir, "my-app", "config.json")
    f, err := os.Open(fname)
    if err != nil {
        return nil, err
    }
    defer f.Close()
    var cfg config
    err = json.NewDecoder(f).Decode(&cfg)
    return &cfg, err
}
```

2.9
社内ツールのその先に
マルチプラットフォーム対応アプリのメリット

最後にこの章のまとめとしてGoのマルチプラットフォームに向いた性質を開発者が活かす方法についてふれます。

一度作ったらそれで終わりではない

この章では各環境の違いに対してGoでどのように気を付けなければならないのか、どのように対処したら良いのかについて記載しました。あくまで起きやすい問題への対応についてだけ書きましたので、ほかにも問題が起き得る環境はたくさんあります。しかし昨今のインターネットには多くの情報が集まっているので、探す努力や情報を発信する努力を怠らなければ必ず解が得られます。そんな中でもGoであればWindowsを持っていなくてもWindows向けのアプリケーションを作れたり、macOSを持っていなくてもmacOS向けのアプリケーションを作れたりします。現に

Dockerやそのほかのプロジェクトでも、WindowsやmacOS向けのバイナリをLinuxで生成しています。

開発者にとってはこれは大きなチャンスです。GitHubでソースコードを公開しておけば、各環境で若干動きの異なる部分を別のユーザが改善してくれるのです。筆者も社内向けのツールの一部をライブラリとして切り出してGitHubに置いたり、業務色を抜いて仕様を汎用化したツール（またはライブラリ）として公開しているものもあります。そうすることで多くのコントリビュートを得られ、ほかのユーザに使ってもらえるチャンスが増えます。ときにはバグを直してもらえることもあります。これまで特定のOSでしか動作しなかった社内向けツールをGoで書き直し、OSS化されてみてはいかがでしょうか。

第3章
実用的なアプリケーションを作るために
実際の開発から見えてきた実践テクニック

実用を目的に提供されるアプリケーションを開発するにあたっては、運用を視野に入れた配慮が必要です。本章では、Goで実用的なアプリケーションを開発するために便利なTipsを筆者の開発しているOSSであるStretcherとfluent-agent-hydraにおける実例を交えながら紹介します。

藤原俊一郎(FUJIWARA Shunichiro)
面白法人カヤック
Twitter : @fujiwara
GitHub : fujiwara
Blog : https://sfujiwara.hatenablog.com

3.1
はじめに
実用的なアプリケーションの条件とは

筆者はWebサービスの運用を本業としています。運用にあたっては既存のアプリケーションを利用するだけでなく、必要なものを自ら開発して運用することもあります。本章ではこの経験から得られた、Goで実用的なアプリケーションを書くために便利なテクニックを紹介していきます。

実用的なアプリケーションとは

さて、実用的なアプリケーションとはどのようなものでしょうか。求められる機能を実装していることは前提とした上で、筆者は次のような要素が必要だと考えます。

- どのような機能を持っているかが容易に調べられる
- パフォーマンスが良い
- 多様な入出力を扱える
- 人間にとって扱いやすい形式で入出力できる
- メンテナンス性が高い
- 想定外の場合に安全に処理を停止できる

どのような機能を持っているかが容易に調べられる

あるコマンドのバイナリファイルがある環境に設置されていたとして、そのコマンドのバージョンが何か分からなければ、利用者はどのような機能が使用できるか調べることができません。新しいバージョンがリリースされると、バグが修正されていたり新機能が追加されたりするので、コマンドを実行するだけで新バージョンが存在することが分かると便利です。

パフォーマンスが良い

パフォーマンスが良くないアプリケーションは実用的とは言えません。機能が足りていても性能が不足していれば、負荷の高い環境へ導入することはできません。とくにI/O処理はボトルネックになりやすいため、効率的なI/Oを行う必要があるでしょう。

多様な入出力を扱える

外部から入力を取得するような処理を行う場合、取得元としてHTTP、ファイル、標準入力などの多様な入力元をサポートしていると使い勝手が良くなります。最小限のコードで多様な入力を統一的に扱えれば、見通しの良いコードで記述できますしバグも少なくなるでしょう。

人間にとって扱いやすい形式で入出力できる

アプリケーションに与えるコマンドライン引数やアプリケーションが出力するログは、人間が扱いやすい形式でしょうか。実運用では常にログを残しますし、トラブルがあった場合には人間がログを読む必要があります。人間にとって読みやすい形式で入出力できることも大事です。

想定外の場合に安全に処理を停止できる

外部との通信を行うアプリケーションでは、実

行時に予期せぬ要因で時間がかかってしまう場合があります。その場合に事前に設定した時間でタイムアウトしたり、外部からシグナルを送信して安全に処理を中断できたりする作りだと安心です。

本章で紹介するテクニック

Goで素朴にコードを記述していくだけでは、このような要求を満たすことができない場合もあります。

これから紹介するテクニックを用いることで、読者が実用的なアプリケーションを作成するときの手助けになれば幸いです。

なお、紹介する手法は筆者が開発しているOSSである次のプロダクト内で実際に使用しているものがほとんどです。GitHub上のソースコードもあわせてご覧ください。

・Stretcher：プル型デプロイツール
URL https://github.com/fujiwara/stretcher

・fluent-agent-hydra：Fluentd[注1]へログを送信するエージェントソフトウェア
URL https://github.com/fujiwara/fluent-agent-hydra

注1） URL http://fluentd.org

3.2
バージョン管理
利用者が確認しやすくなる

アプリケーションは開発が進むにつれて機能が追加されたり、バグが修正されたり、同じ設定でも過去のバージョンと互換性のない挙動をするように変更されることがあります。利用者はドキュメントはもちろん、ソースコードにアクセスできる場合はソースコードも読むことがあるでしょう。実際に利用しているアプリケーションがどのバージョンかからビルドされたものか明らかでないと、利用者に負担をかけてしまいます。本節では、アプリケーションのバージョンを管理するテクニックを紹介します。

 ## バージョン番号を
バイナリに埋め込む

Goで開発したアプリケーションは単一のバイナリファイルで動作するため、LL（Lightweight Language）で開発したアプリケーションと比較してデプロイが容易であるという特徴があります。ただし、当然ながらバイナリファイルだけがデプロイされた環境ではソースコードを確認できないため、運用にあたっては、どのバージョンのソースコードからビルドされたバイナリなのかを確認

できないと不便です。

flagパッケージの利用

一般的にはコマンドラインオプションで特定のオプションが指定された場合にバージョン番号を表示するように実装します。リスト1は標準のflagパッケージを利用し、-v、-versionが与えられた場合にバージョン番号を表示するコードの例です。

URL https://golang.org/pkg/flag/

このように実装した場合、main.versionは実

リスト1 flag**パッケージによるバージョン番号の表示**

```
package main

import (
  "flag"
  "fmt"
)

var version = "1.0.0"

func main() {
  var showVersion bool
  // -v -versionが指定された場合にshowVersion変数が真になるように定義
  flag.BoolVar(&showVersion, "v", false, "show version")
  flag.BoolVar(&showVersion, "version", false, "show version")
  flag.Parse() // 引数からオプションをパースする
  if showVersion {
    // バージョン番号を表示して終了
    fmt.Println("version:", version)
    return
  }
  // ...
}
```

際のバージョンごとに適切に更新する必要がある
ため、リポジトリのタグが自動で埋め込まれるよ
うにすると便利です。更新するたびにソースコー
ドを編集しなくとも、**go build**に**-ldflags**を
指定することで、バイナリのビルド時に外部から
変数の値を設定できます。

シェルスクリプト

次に、**git describe --tags**で最新のタグを
取得し、その値を埋め込むシェルスクリプトの
例を示します。

```
#!/bin/sh

GIT_VER=`git describe --tags`
go build -ldflags "-X main.version=${GIT_VER}"
```

git describe --tagsの値は、最新のタグの
あとにcommitがあった場合には[最新のタ
グ]-[そのあとのcommit回数]-[commit hash]
という値になるため、開発中にビルドしても判別
可能なバージョン番号を得ることができます。

- タグが**v1.0.0**として付与されている状態：
  v1.0.0
- 最新のタグが**v1.0.0**で、その後に3回commit
  がある状態：**v1.0.0-3-g2156fb9**

main以外の任意のパッケージに所属する変数
も指定できます。パッケージに属する変数を埋め
込む場合は、**リスト2**のようにimport pathで指
定します。

go-latestによる 最新バージョン検知

アプリケーションに新機能が追加されたり、バ
グやセキュリティ問題が修正されたりするたびに
バージョン番号は上がっていきます。開発者とし

ては、できるだけ最新バージョンを使ってもらい
たいものです。

go-latestを利用すると、バイナリに埋め込まれ
たバージョンと外部のリポジトリやURLから取
得できるバージョンを比較し、最新版かどうかを
判別できます。

URL https://github.com/tcnksm/go-latest

次の3種類の方法を利用してバージョンを比較
できます。

- GitHubのタグ
- HTMLのメタタグ
- JSON API

GitHubのタグ

GitHubのタグを利用する方法は、とくにWeb
サイトなどを用意することなくGitHubのリポジ
トリに打たれたタグを比較して最新版を確認でき
るので手軽です。ただし、GitHubがダウンして
いる場合やGitHubへの通信ができない環境では
利用できない、カスタマイズしたメッセージを返
せないというデメリットがあります。

HTMLのメタタグ

HTMLのメタタグ、またはJSON APIを利用
する方法はGitHubへ接続できない場合にも利用
できますし、メタタグ内に記述した任意のメッ
セージをgo-latestに返すことができます。たとえ
ば、脆弱性の修正である、などのバージョンアッ
プ理由を伝えることができます。また、バージョ
ンが更新されたときの通知とリポジトリ上にタグ
が打たれたタイミングを別にできるため、リリー
スバイナリの提供準備ができてからユーザに通知
するなどの制御も容易です。本格的なアプリケー
ションではこちらを利用するのが良いでしょう。

リスト2 import pathによる変数の指定

```
go build -ldflags "-X github.com/fujiwara/stretcher.Version=${GIT_VER}"
```

　リスト3はメタタグの書式で、書式内容は次のようになります。

- {product-name}：アプリケーション名（必須）
- {semver}：Semantic Versioning（**URL** https://semver.org/）によるバージョン番号（必須）
- {message}：メッセージ文字列（任意）

　例として、`<meta name="go-latest" content="myapp 0.2.1 security update">`というメタタグを含むHTMLを`https://myapp.example.com/info`で配信している場合にバージョンの更新チェックをするコードは**リスト4**のようになります。

　この`myapp`というアプリケーションでは`https://myapp.example.com/info`へアクセスし、バージョンチェックを行います。アプリケーションに埋め込まれた`0.1.0`と比較してメタタグが指示している`0.2.1`のほうが新しいため、アプリケーションは**リスト5**のようなメッセージを出力します。

JSON API

　JSON APIを利用する方法では、次のようなJSONを配信するHTTP URLを用意します。

```
{
  "version":"0.2.1",
  "message":"security update"
  "url":"https://myapp.example.com/info"
}
```

　そのURLに対してアクセスすることでバージョンチェックを行います。

```
json := &latest.JSON{
  // JSONを返すURL
  URL: "https://myapp.example.com/info.json",
}
res, _ := latest.Check(json, "0.1.0")
// 以下HTMLメタタグの場合と同様
```

リスト3　メタタグの書式

```
<meta name="go-latest" content="{product-name} {semver} {message}">
```

リスト4　メタタグが含まれる場合のバージョンのチェック

```
version := "0.1.0" // buildされるアプリケーションのバージョン
metaTag := &latest.HTMLMeta{
  URL:  "https://myapp.example.com/info",
  Name: "myapp",
}
res, _ := latest.Check(metaTag, version)
if res.Outdated {
  fmt.Printf("%s is not latest, you should upgrade to %s: %s\n", version, res.Current, res.Meta.Message)
}
```

リスト5　myappのメッセージ出力

```
0.1.0 is not latest, you should upgrade to 0.2.1: security update
```

3.3
効率的なI/O処理
バッファリング、コンテンツの取得、ファイルの保存

あらゆるアプリケーションにとって、外部との情報をやりとりするためのI/O処理は必須です。ファイルを読んだりネットワーク通信をしたり、結果を画面へ出力することもすべてI/O処理です。Goでは主にioパッケージで定義されたインターフェースを用いて統一的にI/O処理できるようになっています。本節では、IO処理のパフォーマンスを向上させるために重要なバッファリングと具体的なアプリケーションでの効率的なIO処理について説明します。

bufioで入力を バッファリングして扱う

StretcherはHashiCorpの開発しているオーケストレーションツールである、ConsulとSerfのイベント通知機能と連携して動作するように設計されているデプロイツールです。

Serf event handlerとして実行する場合は標準入力から改行文字で終端されたテキストが、consul watchからの起動ではJSON形式でイベントのペイロード（内容はURL文字列）が渡されます。Stretcherはそのどちらが来ても自動判別して受け取れるような仕様になっています（図1）。

図1 Stretcherのしくみ

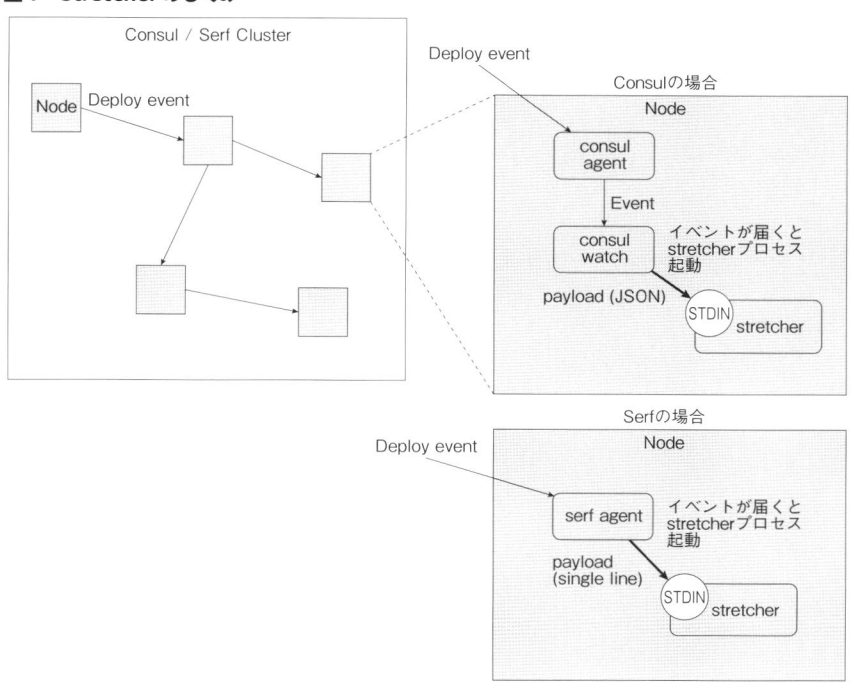

第3章 実用的なアプリケーションを作るために

実際の開発から見えてきた実践テクニック

標準入力をいったんすべてメモリに読み込んでしまえば、プログラムからは自由に任意の箇所を読み取れるのでフォーマットの判別は容易です。しかし**リスト6**のコードでは、io.Readerインターフェースを受け付けるencoding/json.Decoderへそのまま入力を渡したかったため、標準パッケージのbufioを使用してos.Stdinをラップし、bufio.Reader.Peekで先頭1バイトを覗き見て判別するという手法をとりました。

Goでは入力のすべてをメモリに乗せるようなことをせずに、io.Readerやio.Writerをインターフェースにして順次処理するようなコードが標準パッケージで頻出します。bufioはそのようなインターフェースに合う処理を、バッファリングを用いて効率的に行うために重要なパッケージです。

bufioで出力をバッファリングする

LLでは、出力のバッファリングを自動で行うものが多くあります。

リスト6 bufioパッケージによる標準入力のバッファリング

```go
package stretcher

import (
    "bufio"
    "encoding/json"
    "fmt"
)

func parseEvents() (string, error) {
    // 標準入力をバッファリングする
    reader := bufio.NewReader(os.Stdin)
    // (読み進めず先頭の1byteを覗き見る
    b, _ := reader.Peek(1)
    if string(b) == "[" {
        // 先頭が[なのでJSONの配列形式
        // JSONとしてデコード
        var evs ConsulEvents
        dec := json.NewDecoder(reader)
        if err := dec.Decode(&evs); err != nil {
            return "", err
        }
        ev := &evs[len(evs)-1]
        return string(ev.Payload), nil
    } else {
        // JSONでなければ改行終端なので1行読み取る
        line, err := reader.ReadString('\n')
        return line, err
    }
}
```

自動でのバッファリングとは、print系の関数が呼ばれた場合に出力先が端末(ttyまたはpts)である場合はバッファリングせず即座にwriteシステムコールを発行して書き込みを行い、出力先が端末でない場合は言語内部でバッファリングして、一定の単位でまとめてwriteを発行してパフォーマンスを上げる、というような処理です。

LLでの出力の自動バッファリング

次に示すPerl、Ruby、Python 3のコードはいずれもxを100文字と\nを出力する処理を100回繰り返すものですが、いずれの言語も出力先が端末である場合には自動でバッファリングを行い、writeの発行を削減します。

(Perl)

```perl
#!/usr/bin/env perl
for ( 1 .. 100 ) {
  print "x" x 100, "\n"
}
```

(Ruby)

```ruby
#!/usr/bin/env ruby
1.upto(100).each do
  puts "x" * 100
end
```

(Python)

```python
#!/usr/bin/env python3
for i in range(0, 100):
  print("x" * 100)
```

Linuxでシステムコールの発行回数を確認するためにはstraceコマンドを使用します。実際にwriteシステムコールの発行回数を取得してみると**例1**のようになります。

straceコマンドに与えているオプションの意味は次のとおりです。

- -e trace=write：writeシステムコールのみ抽出する
- -c：発行したシステムコールの統計情報を表示する

表示された統計情報から、syscallの欄に表示されたシステムコールがcallsの欄の回数だけ発

効率的なI/O処理 3.3
バッファリング、コンテンツの取得、ファイルの保存

行されていることが読み取れます。LL（Perl）では、出力先が端末の場合は**write**が100回発行されていますが、出力先がパイプである場合は自動的にバッファリングが行われた結果、発行回数が2回に抑制されていることが分かります。

Goでは自動的なバッファリングは行われない

Goは、このようなランタイムでの自動的なバッファリングは行いません。

Goで標準出力やファイルなどへ出力する場合

リスト7 標準出力への書き込み

```
package main

import (
  "fmt"
  "os"
  "strings"
)

func main() {
  for i := 0; i < 100; i++ {
    fmt.Fprintln(os.Stdout, strings.Repeat("x", 100))
  }
}
```

リスト8 bufioパッケージによる標準出力のバッファリング

```
package main

import (
  "bufio"
  "fmt"
  "os"
  "strings"
)

func main() {
  b := bufio.NewWriter(os.Stdout)
  // 標準出力をラップするbufio.Writerを作成
  for i := 0; i < 100; i++ {
    // bufio.Writeに対して書き込みを行う
    fmt.Fprintln(b, strings.Repeat("x", 100))
  }
  b.Flush()
}
```

は、一般的に**fmt**パッケージにあるPrint系の関数を実行したり、**io.Writer**インターフェースへの**Write()**を行ったりします。単純に標準出力を扱う**os.Stdout**へ書き込むコードをリスト7のように実装して実行すると、出力先に関わらず**write**システムコールが100回発行されることになります。

Goで実装されたコマンドの**write**システムコールの発行回数を先のLLでの例と同様に取得してみると例2のようになります。出力先によらず、**write**システムコールが100回発行されていることが分かります。

つまりGoでは自動でバッファリングが行われないため、システムコールの発行回数を削減してパフォーマンスを向上させるためには、自前でバッファリングを行う必要があります。このようなバッファリングはbufioパッケージを用いればコードの変更を最小にして実装できます（リスト8）。
URL https://golang.org/pkg/bufio/

例1 writeシステムコールの発行回数を取得（LLの場合）

```
標準出力が端末の場合
$ strace -e trace=write -c ./output.pl
% time     seconds  usecs/call     calls    errors syscall
------ ----------- ----------- --------- --------- ----------------
  -nan    0.000000           0       100            write
------ ----------- ----------- --------- --------- ----------------
100.00    0.000000                   100            total


標準出力がpipeの場合
$ strace -e trace=write -c ./output.pl | cat
% time     seconds  usecs/call     calls    errors syscall
------ ----------- ----------- --------- --------- ----------------
  -nan    0.000000                     2            write
------ ----------- ----------- --------- --------- ----------------
100.00    0.000000                     2            total
```

例2 writeシステムコールの発行回数を取得（Goの場合）

```
出力先が端末の場合
$ strace -e trace=write -c ./output
% time     seconds  usecs/call     calls    errors syscall
------ ----------- ----------- --------- --------- ----------------
  -nan    0.000000           0       100            write
------ ----------- ----------- --------- --------- ----------------
100.00    0.000000                   100            total


出力先がpipeの場合
$ strace -e trace=write -c ./output | cat
% time     seconds  usecs/call     calls    errors syscall
------ ----------- ----------- --------- --------- ----------------
  -nan    0.000000           0       100            write
------ ----------- ----------- --------- --------- ----------------
100.00    0.000000                   100            total
```

os.Stdout をラップした *bufio.Writer を bufio.NewWriter(os.Stdout)として作成し、それに対して書き込みを行うだけで、bufio によってバッファリングが行われるようになります。バッファサイズのデフォルト値は4096byteです。最後にバッファに残ったものを出力しきるために、Flush() を実行する必要があることに注意してください。

bufio を用いてバッファリングを行うように修正したコマンドの write システムコールの発行回数を先の例と同様に取得してみると例3のようになります。

出力先が端末でもパイプでも、期待どおりにシステムコールの発行回数が2回に削減されました。

バッファサイズの指定

一般にはバッファをある程度まで大きくすることでシステムコールの発行回数が減り、パフォーマンスが向上します。バッファのサイズを指定して *bufio.Writer を作成するには、bufio.NewWriterSize を使用します(リスト9)。引数に渡された io.Writer がすでに *bufio.Writer で、かつ指定されたバッファより大きいバッファを持っている場合は新しい *bufio.Writer は作成されず、引数に渡したものがそのまま返却され

ます。

go-isattyで出力先が端末かどうかを判別する

bufio によって簡単にバッファリングを行うことはできましたが、出力先が端末の場合にはバッファリングされていると結果を即座に画面に表示できないため、バッファリングしたくないことが多いでしょう。LLではそのようなニーズを汲み取って自動で切り替え処理をしているわけです。

Goで同様の切り替えをしたい場合は、go-isatty によって出力先を判別できます。

URL https://github.com/mattn/go-isatty

go-isatty を利用して出力先が端末であるかどうか判別することで、次のような挙動をするコードを実装できます。

- 出力先が端末であればバッファリングしない
- 出力先が端末でない場合には bufio で出力を行う

前項のバッファリングの例を書き直すとリスト10のようになります。

isatty.IsTerminal によって端末であるかどうかが判別できるため、端末でなければ bufio で

例3 bufioを用いた例

```
出力先が端末の場合
strace -e trace=write -c ./output_buf
% time     seconds  usecs/call     calls    errors syscall
------ ----------- ----------- --------- --------- ----------------
  -nan   0.000000           0         2           write
------ ----------- ----------- --------- --------- ----------------
100.00   0.000000                     2           total

出力先がpipeの場合
$ strace -e trace=write -c ./output_buf | cat
% time     seconds  usecs/call     calls    errors syscall
------ ----------- ----------- --------- --------- ----------------
  -nan   0.000000           0         2           write
------ ----------- ----------- --------- --------- ----------------
100.00   0.000000                     2           total
```

リスト9 バッファサイズの指定

```
// 64KBのバッファを持つWriterを作る
b1 := bufio.NewWriterSize(w, 65536)

// 4096byteのバッファを持つWriterを作ろうとするとb1がそのまま返る
b2 := bufio.NewWriterSize(b1, 4096)
```

ラップする、というコードになっています。最後にFlush()を実行するかどうかは、Flush() errorを実装している型であることを定義したflusherインターフェースを満たしているかどうかで判別します。

straceしてみると、出力先によってwriteシステムコールの発行回数が変わっていることが確認できます（例4）。

出力先が端末の場合は、即座に出力することで人間が目視するときの利便性を保ちます。出力先がファイルやパイプの場合には、バッファリングによってシステムコールの発行回数を削減することで、大量の出力が行われたときのパフォーマンスを向上できます。

例4 go-isattyを用いた例

```
出力先が端末の場合
$ strace -c -e trace=write ./output_auto
% time     seconds  usecs/call     calls    errors syscall
------ ----------- ----------- --------- --------- ----------------
  -nan    0.000000           0       100           write
------ ----------- ----------- --------- --------- ----------------
100.00    0.000000                   100           total

出力先がpipeの場合
$ strace -c -e trace=write ./output_auto | cat
% time     seconds  usecs/call     calls    errors syscall
------ ----------- ----------- --------- --------- ----------------
  -nan    0.000000           0         3           write
------ ----------- ----------- --------- --------- ----------------
100.00    0.000000                     3           total
```

リスト10 go-isattyによる出力先の判別

```go
package main

import (
  "bufio"
  "fmt"
  "io"
  "os"
  "strings"

  "github.com/mattn/go-isatty"
)

// Flush() errorを実装しているインターフェースを定義
type flusher interface {
  Flush() error
}

func main() {
  var output io.Writer
  if isatty.IsTerminal(os.Stdout.Fd()) {
    // 標準出力が端末なら出力先はos.Stdoutそのもの
    output = os.Stdout
  } else {
    // 標準出力が端末でなければbufio.Writerでラップ
    output = bufio.NewWriter(os.Stdout)
  }
  for i := 0; i < 100; i++ {
    fmt.Fprintln(output, strings.Repeat("x", 100))
  }
  if _o, ok := output.(flusher); ok {
    // Flush()を実装している場合(bufio.Writer)のみFlush()を行う
    _o.Flush()
  }
}
```

実際の開発から見えてきた実践テクニック

複数のソースから同じようにコンテンツを取得する

アプリケーションが外部から何らかのコンテンツを読み込む場合を考えます。

コンテンツはファイルとして保存されていたり、HTTP URLから取得できたり、AWS（Amazon Web Services）を利用している場合はAmazon S3に配置されていることもあるでしょう。

取得元によらず、コンテンツの内容を同様に処理するコードを記述するためにはどのような手法を用いれば良いでしょうか。

コンテンツ取得の流れ

Stretcherではデプロイ対象のアーカイブファイルの取得元として次の4種類のソースが使用できます。

- File：`file://`
- HTTP(S) URL：`http:// https://`
- Amazon S3 URL：`s3://`
- Google Cloud Storage(GCS) URL: `gs://`

コンテンツを取得するときに必要な操作は次の2点です。

- コンテンツの内容を`[]byte`型で読み取ること：`Read([]byte)`
- 取得処理が終了したら適切にリソースを開放すること：`Close()`

リスト11　io.ReadCloserインターフェース

```
package io

type ReadCloser interface {
  Reader
  Closer
}

type Reader interface {
  Read(p []byte) (n int, err error)
}

type Closer interface {
  Close() error
}
```

そのため、すべての取得元が`io.ReadCloser`インターフェースに適合する型の値を返却するように設計することで見通しの良いコードを実装できます。

`io.ReadCloser`の使用方法については次のAPIドキュメントを参照してください。

URL https://golang.org/pkg/io/#ReadCloser

`io.ReadCloser`インターフェースの定義はリスト11のようになっています。

つまり、`io.ReadCloser`インターフェースは`Read([]byte) (int, error)`と`Close() error`を実装している、と定義されていることが分かります。Goのインターフェースは実際の型が何であるかは関係なく、インターフェースが指定している関数を実装している型であれば同じ型とみなして扱うしくみです。

Stretcherの`stretcher.getURL`はURL文字列を引数に取り、URLスキームごとにそれぞれのソースに対して取得処理を実行し、コンテンツを読み取るための`io.ReadCloser`を返す関数として実装しています（リスト12）。

ここではファイル、HTTP、S3の各ソースに対する実際の取得処理を見ていきましょう。

File（ファイル）から取得

ファイルに対する処理である`getFile`は、単に`os.Open`へのラッパーとなっています（リスト

リスト12　stretcher.getURL

```
func getURL(urlStr string) (io.ReadCloser, error) {
  u, err := url.Parse(urlStr)
  if err != nil {
    return nil, err
  }
  switch u.Scheme {
  case "s3":
    return getS3(u)
  case "gs":
    return getGS(u)
  case "http", "https":
    return getHTTP(u)
  case "file":
    return getFile(u)
  default:
    return nil, fmt.Errorf("manifest URL scheme must ⊅
be s3, gs, http(s) or file: %s", urlStr)
  }
}
```

13)。os.Openはファイルを読み取り用に開き、os.Fileのポインタを返します。*os.FileはRead([]byte) (int, error)とClose() errorを実装しているため、io.ReadCloserインターフェースに適合しています。

HTTP(S) URLから取得

HTTP(S) URLを取得するstretcher.getHTTPの実装ではnet/httpでHTTP URLへGETリクエストを発行し、得られたレスポンスのボディを読み取るためのhttp.Response#Bodyを返します。リスト14にio.ReadCloserとしてhttp.Response#Bodyを返す例を示します。

http.Response型はリスト15のような定義となっているため、http.Response#Bodyはio.ReadCloserインターフェースを持っています。詳細は次のURLを参照してください。

URL https://golang.org/pkg/net/http/#Response

リスト13 getFileによるファイルの取得

```
package stretcher

import (
  "io"
  "net/url"
  "os"
)

func getFile(u *url.URL) (io.ReadCloser, error) {
  return os.Open(u.Path)
}
```

リスト14 stretcher.getHTTPによるURLの取得

```
package stretcher

import (
  "io"
  "net/http"
  "net/url"
)
func getHTTP(u *url.URL) (io.ReadCloser, error) {
req, err := http.NewRequest("GET", u.String(), nil)
if err != nil {
return nil, err
}
req.Header.Add("User-Agent", "Stretcher/"+Version)
resp, err := http.DefaultClient.Do(req)
if err != nil {
  return nil, err
}
return resp.Body, nil
}
```

Amazon S3から取得

最後にAmazon S3からコンテンツを取得するstretcher.getS3の実装です(リスト16)。AWSが提供している公式SDKであるaws/aws-sdk-goを使用して、s3.GetObjectを呼び出しています。この関数の戻り値であるs3.GetObjectOutput#Bodyはio.ReadCloserを実装しています。

URL https://github.com/aws/aws-sdk-go

GetObjectOutput構造体の定義はリスト17のようになっていて、Bodyフィールドはio.ReadCloserです。詳細は次のURLを参照してください。

URL https://godoc.org/github.com/aws/aws-sdk-go/service/s3#GetObjectOutput

リスト15 http.Response型

```
package http

type Response struct {
  // ...
  Body io.ReadCloser
  // ...
}
```

リスト16 stretcher.getS3によるコンテンツ取得

```
package stretcher

import(
  "io"
  "strings"
  "url"
  "github.com/aws/aws-sdk-go/aws"
  "github.com/aws/aws-sdk-go/aws/session"
  "github.com/aws/aws-sdk-go/service/s3"
)

func getS3(u *url.URL) (io.ReadCloser, error) {
  svc := s3.New(session.Must(session.NewSession()))
  key := strings.TrimLeft(u.Path, "/")
  result, err := svc.GetObject(&s3.GetObjectInput{
    Bucket: aws.String(u.Host),
    Key:    aws.String(key),
  })
  if err != nil {
    return nil, err
  }
  return result.Body, nil
}
```

リスト17 GetObjectOutput

```
package s3

type GetObjectOutput struct {
  // Object data.
  Body io.ReadCloser `type:"blob"`
  // 省略
```

第3章 実用的なアプリケーションを作るために
実際の開発から見えてきた実践テクニック

アプリケーション内部で利用する関数の引数の型を、具体的な型（たとえば`*os.File`）ではなくインターフェースとしておくことで、将来別のソースをサポートすることになっても、`io.ReadCloser`を満たした型を返す関数を追加するだけで対応できるような柔軟性を持たせることができます。

実際に、GCSからの取得処理は利用者から送られたプルリクエストで追加実装されました。`io.ReadCloser`インターフェースを満たしている`storage.Reader`型を使うことで、統一感のある形で機能が追加されています。

URL https://github.com/fujiwara/stretcher/pull/21

複数の出力先に一度に書き込む

Stretcherは、コンテンツを外部から取得したあとに次の処理を行います。

- コンテンツのハッシュ値を計算する
- コンテンツをテンポラリファイルに書き込む

コンテンツの内容が期待したとおりかをハッシュ値を用いて確認しつつ、そのあとの処理で外部コマンドにコンテンツをファイルとして与えるためにテンポラリファイルに保存する必要があります。

ハッシュ値を計算する処理とファイルへ書き込む処理を行うためには、どちらもコンテンツの内容を先頭から末尾まで読み取る必要があります。コンテンツをいったんすべてメモリに保持してしまえばランダムアクセスができるので先頭から末尾まで何度でも読み取れますが、サイズが大きい場合はプロセスのメモリ使用量が増大してしまうので避けたい処理です[注2]。

そこで、先頭から順次読み込みできる`io.Reader`インターフェースを用いてコンテンツ全体をメモリに乗せることなく、2つの処理を行う方法を考えます。

`io.Reader`から得られる内容をファイルへ保存するためには、`io.Reader`から`Read`で読み取り、書き込むファイルに対する`io.Writer`へ`Write`する必要があります。`io.Copy`を使用することで、簡単にすべての内容を`io.Reader`から`io.Writer`へコピーできます。

続いて、`io.Reader`から得られる内容のハッシュ値を計算します。`hash.Hash`インターフェー

注2) Stretcherの扱うコンテンツはデプロイツールという性質上、数百MB以上の大きさになることがあります。

図2 io.multiWriter

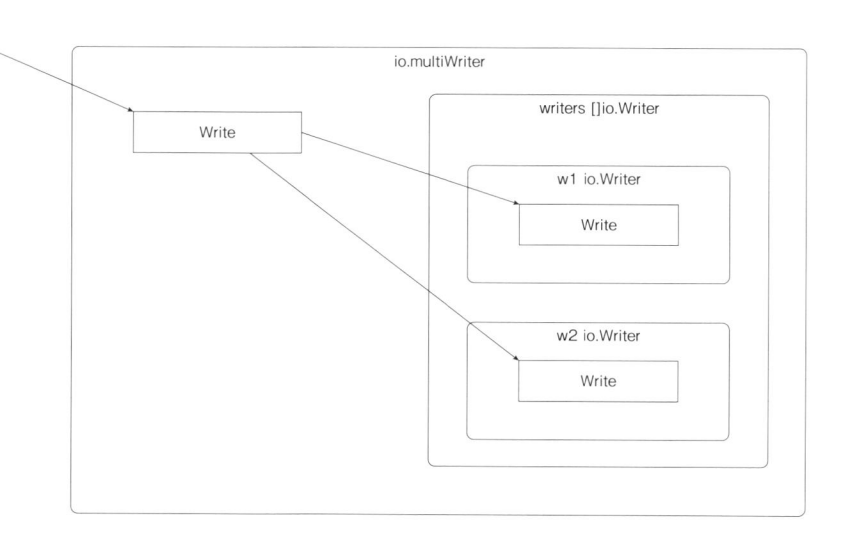

スを実装した値（たとえばSHA256なら`crypto/sha256`）が`io.Writer`インターフェースを実装しているため、先ほどと同様に`io.Copy`でコピーを行い、最後に`Hash.Sum`によってハッシュ値を求めます。

ここで便利なのが`io.MultiWriter`です（**図2**）。

```
writer := io.MutiWriter(w1, w2)
io.Copy(writer, reader)
```

`io.MultiWriter`は引数に渡された複数の`io.Writer`に順に`Write`を行う`io.Writer`を返します。通常の`io.Writer`にコピーを行うのと同じように`io.Copy`するだけで、すべての`io.Writer`に書き込めます。

リスト18は標準入力から取得した内容をテンポラリファイルへ保存しつつ、SHA-256のハッシュ値を求めるコードの例です。

次が実行結果です。

```
$ echo -n foo | go run sha256copy.go
Wrote 3 bytes to /var/folders/62/
gqdqzqhd2wd1h7ypl2z6qppc0000gn/T/tmp574418443
SHA256: 2c26b46b68ffc68ff99b453c1d30413413422d706483b⏎
fa0f98a5e886266e7ae
```

リスト18　`io.MultiWriter`による複数箇所への書き込み

```go
package main

import (
    "crypto/sha256"
    "fmt"
    "io"
    "io/ioutil"
    "os"
)

func main() {
    // テンポラリファイルを開く
    tmp, _ := ioutil.TempFile(os.TempDir(), "tmp")
    defer tmp.Close()

    // SHA256計算用
    hash := sha256.New()

    // 両方に書き込むためのio.MultiWriter
    w := io.MultiWriter(tmp, hash)

    // io.Copyで標準入力からMultiWriterへコピー
    written, _ := io.Copy(w, os.Stdin)

    fmt.Printf("Wrote %d bytes to %s\nSHA256: %x\n",
        written,        // 書き込まれたバイト数
        tmp.Name(),     // テンポラリファイル名
        hash.Sum(nil),  // ハッシュ値
    )
}
```

同じコンテンツを何度も読み出すことなく、効率的にファイル保存とハッシュ値計算ができました。

ログ出力と同時にメモリにも保持して利用する

`io.MultiWriter`の使用例として、`log`パッケージの出力内容をメモリに同時に保持する例を示します（**リスト19**）。

Stretcherは動作中に`log.Println`などを使用してログを順次標準エラー出力へ書き出しますが、そのログの内容をメモリ上の変数にも保持します。

最終的にデプロイ処理が成功または失敗した際にユーザが指定した外部プロセスを実行する機能があり、そこまでに出力したログの内容を、外部プロセスの標準入力へ流し込みます。用途としては、Stretcherの動作ログを外部（たとえば通知システムなど）へ送信することを想定しています。

`*bytes.Buffer`へ`Write`を行うことで、メモリ上の変数に`io.Writer`同様に書き込みができます。

`io.MultiWriter(os.Stderr, &LogBuffer)`で標準エラー出力と変数へ同時に書き込む`io.Writer`を生成し、それを`log.SetOutput`へ渡すことで、`log`の出力先として指定しています。

このようにすることで、コードでは単に`log.Println`などを普通に呼び出すだけで、とくに意識することなくログの出力を変数にも保持するような実装ができました。

リスト19　`io.MultiWriter`の使用例

```go
package stretcher

import (
    "bytes"
    "io"
    "log"
    "os"
)

var LogBuffer bytes.Buffer // グローバル変数

func init() {
    // logを os.Stderr と LogBuffer 両方に書き込む
    log.SetOutput(io.MultiWriter(os.Stderr, &LogBuffer))
}
```

3.4
乱数を扱う
math/rand、crypto/rand

ここでは乱数の扱いについて説明します。

乱数を扱う例

実用的なアプリケーションでは乱数によって挙動を変化させることがあるでしょう。

Stretcherでは、-random-delayというコマンドラインオプションによって0秒から指定された秒数までのランダムな時間を起動後に待機することで、デプロイのソースファイルの取得タイミングを分散させる機能があります。また、fluent-agent-hydraでは、ログの送信先として指定されたホスト名のDNSを引いた結果で複数のIPアドレスが返却された場合に、その中から送信先をランダムに選択する機能があります。

乱数を扱う標準パッケージ

Goで乱数を生成するための標準パッケージには、次の2種類が存在します。

- math/randパッケージ：疑似乱数を生成する
- crypto/randパッケージ：暗号論的疑似乱数を生成する

疑似乱数とは、確定的に計算式で求められる数列のことで、アルゴリズムと過去の出力が既知であればそのあとの出力も予測できる性質を持っています。

暗号論的疑似乱数とは、過去の値から未来の出力が予測困難な乱数系列のことです。

math/rand

Goで疑似乱数を生成するには、math/randを利用します。

math/randは、Seedで設定した値ごとに固定された疑似乱数系列を返します。リスト20では42という値をSeedに与えていますが、このコードは何度実行しても同じ結果を表示します。再現性のある結果を得たい場合には便利ですが、実行ごとに別の乱数を取得したい場合にはランダムな値をSeedに与える必要があります。つまり、乱数を得るために乱数が必要という悩ましい状況になってしまいます。

crypto/rand

Seed に 与 え る 値 と し て、math/rand の Example にも記述があり、よく用いられるのは

リスト20　math/randによる乱数生成

```
package main

import (
  "fmt"
  "math/rand"
  "time"
)

func main() {
  rand.Seed(42)
  // 0 <= n < 100 となるintの乱数を取得
  n := rand.Intn(100)
  fmt.Println(n)
}
```

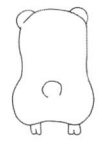

`time.Now().UnixNano()`(現在時刻のUNIX time、ナノ秒単位)です。しかし、時刻の値は外部から推測が容易なため、用途によってはもう少し予測が難しい乱数を発生させたいことがあるでしょう。

その場合には**crypto/rand**を組み合わせたリスト21のような手法があります。

crypto/randは実行環境に備わっている暗号論的疑似乱数生成器(たとえばLinuxでは**getrandom(2)**や**/dev/urandom**、Windowsでは CryptGenRandom API)を利用して乱数を生成します。

crypto/rand.Reader から **binary.Read** で int64の値を読み取り、それを**Seed**に設定することで、単に現在時刻を用いるよりも質の良い乱数の**Seed**が得られます。

リスト21 crypto/rand**による乱数シード生成**

```
package main

import (
  "binary"
  crand "crypto/rand"
  "math/rand"
)

func main() {
  var s int64
  if err := binary.Read(crand.Reader, binary.↗
LittleEndian, &s); err != nil {
    // crypto/rand からReadできなかった場合の代替手段
  s = time.Now().UnixNano()
  }
  rand.Seed(s)
  // ...
}
```

3.5
人間が扱いやすい形式の数値

go-humanize

アプリケーションでたとえばファイルのサイズやネットワーク転送量を扱う場合、内部的には int64 などの型で保持することになるでしょう。しかし、その値をそのまま表示すると、人間には読みにくくなります。ここではgo-humanizeを用いて人間が扱いやすい形式で数値を扱う方法を解説します。

go-humanize

ログや画面出力に 82854982 bytes と表示されても一見してどれぐらいのサイズなのか分かりません。

これを人間が読みやすい形式で、たとえば**83MB**と表示するには**go-humanize**を使用すると便利です。

URL https://github.com/dustin/go-humanize

リスト22はコマンドライン引数で与えられたファイルのサイズを、読みやすい形で出力するコードの例です。

次は出力結果の例です。

リスト22　go-humanizeによる値の出力

```go
package main

import (
  "fmt"
  "github.com/dustin/go-humanize"
  "os"
)

func main() {
  name := os.Args[1]
  s, _ := os.Stat(name)
  fmt.Printf(
    "%s: %s\n",
    name,
    humanize.Bytes(uint64(s.Size())),
  )
}
```

```
$ ./humanize-size foo.tar.gz
foo.tar.gz: 83MB
```

表記変換とパーサ

表記変換

go-humanize では、次の種類の表記変換をサポートしています。

- Size：ファイルサイズなど
  humanize.Bytes(82854982)→83MB
  humanize.IBytes(82854982)→79MiB

- Time：現在時刻を基準としての相対時刻
  humanize.Time(t)→"3 weeks ago"

- Ordinal：順序数
  humanize.Ordinal(1)→"1st"
  humanize.Ordinal(2)→"2nd"

- Comma：3桁区切りのカンマ挿入
  humanize.Comma(834142)→"834,142"

- Ftoa：末尾の0を除去した読みやすいfloat64の整形
  fmt.Sprintf("%f", 2.24)→"2.240000"
  humanize.Ftoa(2.24)→"2.24"

- SI：SI単位系のprefix付与

```
humanize.SI(0.00000000223, "")  →
"2.23n"
humanize.SI(0.00000223, "") → "2.23μ"
humanize.SI(0.00223, "") → "2.23m"
humanize.SI(2.23, "") → "2.23"
humanize.SI(2230, "") → "2.23k"
humanize.SI(2230000, "") → "2.23M"
```

パーサ

また、Size、SIについては文字列をパースして数値化する関数もあります。

・humanize.ParseBytes("42MB")→42000000

パーサを利用することで、人間にとって読みやすい表記で入力させた文字列を、アプリケーション側で数値化して扱うことができます。ユーザフレンドリーなアプリケーションを作るのに役に立つでしょう。

たとえばrsync[注3]コマンドで帯域を制限する場合は--bwlimitオプションを指定しますが、これは単位がKBytes/secという仕様です。10MBytes/secを指定したい場合には--bwlimit 10000になりますが、桁が増えてくると一見してどういう数値になるのか分かりにくいですね。

Stretcherでは帯域制限に-max-bandwidthオプションを指定します。数値を指定する場合の単位はBytes/secですが、-max-bandwidth 10MBなど、より人間が読みやすい表記を指定できます。humanizeを使用して"10MB"のような形式を扱う例を示します（リスト23）。

注3) **URL** https://rsync.samba.org/

リスト23 go-humanizeによる表記の指定

```
if bw, err := humanize.ParseBytes(maxBandWidth); err != nil {
  fmt.Println("Cannot parse -max-bandwidth", err) // パースできない場合はエラー
  os.Exit(1)
} else {
  conf.MaxBandWidth = bw
}
```

3.6
Goから外部コマンドを実行する
os/execパッケージの活用

アプリケーションから外部のコマンドを実行したいことがあります。既存の実績のあるアプリケーションをコマンドとして呼び出して処理を委譲したり、利用者が作成したスクリプトを呼び出すことでソースコードの変更なしに挙動をカスタマイズするなど、さまざまな用途があります。

外部コマンドを実行する利点

Stretcherではアーカイブファイルの展開にtarコマンドを、ファイルの同期にrsyncコマンドを使用しています。また、デプロイ操作の前後にユーザが指定した外部コマンドを実行することでファイル同期後のアプリケーションの再起動などの処理ができます。デプロイ全体の成功時、失敗時にはユーザが指定した外部コマンドを実行し、標準出力にログを流し込むことで通知などの処理も実行できるような設計になっています。

外部コマンドの実行にはプロセス起動のオーバーヘッドや、コマンドとのデータのやりとりが難しいなどの問題があります。パフォーマンスが求められる場面ではGo自身で実装するべきですが、頻繁に実行されない場合には、実績のある外部コマンドに処理させることも有効な選択肢に入ります。

また、Goではユーザの記述したコードを既存バイナリと組み合わせてプラグインとして動作させることが一般的ではないため、ツール類で動作をカスタマイズしたい場合は指定した外部コマンドを起動できるように作られていると便利なことがあるでしょう。

os/execパッケージ

Goで外部コマンドを実行するためには、os/execパッケージを使用します。リスト24はuname -sというコマンドを実行して、その標準出力を得る例です。unameは実行するコマンド名で、-sはコマンドライン引数です。

exec.Commandは（name string, arg ...string）という形で、1つ以上の任意個の引数（string）を与えます。Output()を呼び出すことで、コマンドを実行してその標準出力を[]byteで受け取ることができます。

標準出力と標準エラー出力をまとめて取得したい場合はOutput()の代わりにCombinedOutput()を使用します。

両者ともコマンドが存在しないなどで実行できなかった場合は*exec.Errorが、コマンドは実行したものの異常終了した場合には*exec.ExitErrorが返されます。

Output()、CombindOutput()は、コマンドを実行して出力を取得する簡便な方法ですが、次のような制約があります。

リスト24　os/execによる外部コマンド実行

```
out, err := exec.Command("uname", "-s").Output()
```

- 出力はコマンド実行が終了したあとに一度にまとめてメモリ上に返される
- コマンドに対して標準入力を与えることができない

　そのため、外部コマンドが標準出力、標準エラー出力へ出力した内容を順次受け取って処理したい場合、出力結果のサイズが大きくてメモリに乗せたくない場合、コマンドへ標準入力を与えたい場合は別の方法をとる必要があります。

os/exec パッケージの使用例

　tr、a-z、A-Z というコマンドに標準入力を与えて結果を取得する例をみてみましょう（リスト25）。

　*os/exec.Command.StdinPipe()でコマンドの標準入力へ書き込むための io.WriteCloser が取得できるため、それに対して io.Copy で入力をコピーしています。

　*os/exec.Command.StdoutPipe()でコマンドの標準出力を読み取るための io.ReadCloser が取得できるため、そこから io.Copy()で出力

リスト25　os/exec の使用例

```
package main

func main() {
  tr(os.Stdin, os.Stdout, os.Stderr)
}

func tr(src io.Reader, dst io.Writer, errDst io.Writer) error {
  cmd := exec.Command("tr", "a-z", "A-Z")
  // 実行するコマンド tr a-z A-Z
  stdin, _ := cmd.StdinPipe()
  stdout, _ := cmd.StdoutPipe()
  stderr, _ := cmd.StderrPipe()
  err = cmd.Start() // コマンドの実行を開始する
  if err != nil {
    return err
  }
  var wg sync.WaitGroup
  wg.Add(3)
  go func() {
  // コマンドの標準入力にsrcからコピーする
    _, err := io.Copy(stdin, src)
    if e, ok := err.(*os.PathError); ok && e.Err == syscall.EPIPE {
      // ignore EPIPE
    } else if err != nil {
      log.Println("failed to write to STDIN", err)
    }
    stdin.Close()
    wg.Done()
  }()
  go func() {
  // コマンドの標準出力をdstにコピーする
    io.Copy(dst, stdout)
    stdout.Close()
    wg.Done()
  }()
  go func() {
  // コマンドの標準エラー出力をerrDstにコピーする
    io.Copy(errDst, stderr)
    stderr.Close()
    wg.Done()
  }()
  wg.Wait()
  // 標準入出力のI/Oを行うgoroutineがすべて終わるまで待つ
  return cmd.Wait()
  // コマンドの終了を待つ
}
```

をコピーしています。標準エラー出力も同様です。

　書き込みと読み込みは平行で行う必要があります。コマンド間の入出力をつなぐパイプ（pipe）にはバッファが存在しますが、外部コマンドが入力を読み取っていないのにGoからバッファを超えて書き込もうとするとブロックするためです。同様に外部コマンドの出力をGoで読み取らないでいると、外部コマンドが出力でブロックしてしまい、動作が止まってしまう可能性があります。

　そのためそれぞれの入出力はgoroutineを起動してその中で行い、すべて完了するのをsync.WaitGroupで待ち受ける、という形になっています。

　外部コマンドが何らかの事情で標準入力を閉じた場合（読み取らずに終了した場合も含まれます）、Goからの書き込みができずエラーになります。具体的には io.Copy が *os.PathError を返します。PathError.Err にはエラーになった原因の

実際のエラーの値が格納されているため、それを syscall.EPIPE と比較することで捕捉できます（リスト26）。

外部コマンドをシェル経由で起動する（UNIX系の環境のみ）

　os/exec でのコマンド起動ではシェルを介しません。最初の引数がコマンド名、以降の引数がコマンドライン引数となります。たとえば第1引数に文字列で ls -l foo.txt を渡した場合、ls コマンドに -l と foo.txt を引数で与えたとは解釈されず、単に文字列全体がコマンド名として扱われます。コマンドライン引数として渡したい場合は、Go上でも別個の引数として渡す必要があります（リスト27）。

　実行するコマンドを利用者が文字列で指定する場合には、すべての引数を個別に指定するよりも、1つの文字列をシェルと同様に解釈できると

リスト26　エラーの値の捕捉

```
_, err := io.Copy(stdin, src)
if e, ok := err.(*os.PathError); ok && e.Err == syscall.EPIPE {
  // ignore EPIPE
} else if err != nil {
  log.Println("failed to write to STDIN", err)
}
```

リスト27　コマンドライン引数を渡す

```
// OK
out, err := exec.Command("ls", "-l", "foo.txt").Output()

// NG
out, err := exec.Command("ls -l foo.txt").Output()
// exec: "ls -l foo.txt": executable file not found in $PATH
```

リスト28　シェル経由でコマンド実行

```
out, err := exec.Command("sh", "-c", "ls -l").Output()
```

リスト29　シェルの機能を使用したコマンド実行

```
out, err := exec.Command("sh", "-c", "some_command || handle_error").Output()
```

リスト30　go-shellwordsによるコマンドライン文字列の分解

```
args, err := shellwords.Parse("ls -l foo.txt")
// argsは["ls", "-l", "foo.txt"]となる

out, err := exec.Command(args[0], args[1:]...).Output()
```

便利な場合も多いでしょう。その場合には**sh**を第1引数に指定してシェル経由で実行するという手法があります(**リスト28**)。

shコマンドに引数として文字列が与えられて解釈されるため、**>**によるリダイレクトや**||**、**&&**などの記法もシェルスクリプトを記述するのと同様に、自由に使用できるようになります(**リスト29**)。

go-shellwordsでコマンドライン文字列を解釈する

外部から与えられた文字列をシェルを介して実行すると、引数の指定だけではなく、シェルの機能を用いた任意プロセスの起動も可能になります。そのため、信頼できない入力をシェルに与えるのはセキュリティ上の懸念があります。

外部から与えられた文字列をコマンドと引数に分解し、必要に応じて確認した上で実行したい、という場合には**go-shellwords**を利用するのが良いでしょう。

URL https://github.com/mattn/go-shellwords

shellwords.Parse()は文字列をシェルと同様に解釈し、スライスに分解します。最初の要素をコマンド名、2番目以降の要素を可変長引数として**exec.Command**に与える例を示します(**リスト30**)。

信頼できない入力から、特定のコマンドのみを許可して実行する処理を記述するのも容易になるでしょう。

3.7
タイムアウトする
パッケージの機能とcontextの利用

一定時間以上結果が得られない場合に処理を打ち切りたいことがあります。
とくにコンテンツの取得などでは、外部と通信する際の処理時間が一定であることが期待できないため、
時間が掛かり過ぎた場合に適切にタイムアウトするよう実装する必要があるでしょう。

使用するパッケージにタイムアウト機能が用意されている場合

使用するパッケージにタイムアウトの機能が用意されている場合があります。

HTTP 通 信 を 行 う net/http パ ッ ケ ー ジ の Client で は、Client.Timeout に time.Duration型の値を設定することで、リクエスト開始から終了までに時間が掛かりすぎた場合にエラーを返すことができます（リスト31）。

contextパッケージの利用

Go 1.7から標準になったcontextパッケージを利用することで、タイムアウト処理やgoroutineの処理停止を統一的に扱えます。
URL https://golang.org/pkg/context/

コンテキスト（context）は操作のタイムアウトやキャンセルを受け持つインターフェースです。context.Context インターフェースを実装した値を関数に引き渡していくことで、渡された先で

リスト31 net/httpによるタイムアウト

```go
package main

import (
  "io"
  "net/http"
  "time"
)

func getHTTP(url string, dst io.Writer) error {
  client := &http.Client{
    // 10秒でタイムアウトする
    Timeout: 10 * time.Second,
  }
  req, _ := http.NewRequest("GET", url, nil)
  resp, err := client.Do(req)
  if err != nil {
    // レスポンスヘッダ取得までに10秒経過した場合にはここでエラー
    // request canceled (Client.Timeout exceeded while awaiting headers)
    return err
  }
  defer resp.Body.Close()
  _, err := io.Copy(dst, resp.Body)
  // ボディ取得完了までに10秒経過した場合はここでエラー
  // request canceled (Client.Timeout exceeded while reading body)
  return err
}
```

処理の打ち切りが可能になります。

　先に見たnet/httpパッケージでタイムアウトを行う処理を、contextパッケージを利用する形で書き直すとリスト32のようになります。タイムアウトを定義したコンテキストを含めたリクエストオブジェクトを作成し、その値を使ってリクエストを行います。

　context.Contextインターフェースの定義はリスト33のようになっています。

　コンテキストの完了を知るためには、ctx.Done()で返されるチャンネルから読み出せるかどうかをチェックします。単独でチャンネルの読み出しを待つと完了までブロックするため、チェック時点で完了していない場合に別の処理を行いたい場合はselect内に記述する必要があります。完了後にはctx.Err()で完了理由が得られます。

　コンテキストは親子関係を持つことができます。子のコンテキストは任意のコンテキストを親にして、WithCancel()、WithDeadline()、WithTimeout()関数を使用して作成します。こうして作られたコンテキストは、祖先のコンテキストが明示的なキャンセルやタイムアウトなど、何らかの理由で完了すると、その状態が伝播します。

リスト32　contextによるタイムアウト

```go
package main

import (
  "context"
  "io"
  "net/http"
  "time"
)

func getHTTP(url string, dst io.Writer) error {
  // 10秒でタイムアウトするContextを作る
  ctx, cancel := context.WithTimeout(context.Background(), 10*time.Second)
  defer cancel()
  client := &http.Client{}
  req, _ := http.NewRequest("GET", url, nil)
  // contextを与えたリクエストを使って実行
  resp, err := client.Do(req.WithContext(ctx))
  if err != nil {
    // レスポンスヘッダ取得までに10秒経過した場合にはここでエラー
    // context deadline exceeded
    return err
  }
  defer resp.Body.Close()
  _, err := io.Copy(dst, resp.Body)
  // ボディ取得完了までに10秒経過した場合はここでエラー
  // context deadline exceeded
  return err
}
```

リスト33　context.Contextインターフェース

```go
type Context interface {
  // デッドライン時刻、デッドラインが設定されているか
  Deadline() (deadline time.Time, ok bool)

  // 完了(タイムアウト、キャンセルなどを含む)を知らせるチャンネル
  Done() <-chan struct{}

  // 完了した場合の完了理由を保持しているエラー値
  Err() error

  // 保持している任意型の値を返す
  Value(key interface{}) interface{}
}
```

親子関係のあるコンテキストをキャンセルする例をリスト34に示します。

この状態で親のコンテキストをキャンセルするためにcancel()を呼び出すと、子のctxChildも完了します。cancelChild()を呼び出したり、子に設定した1秒のタイムアウトに達した場合には、親のコンテキストは完了せず、子だけが完了します。

アプリケーションの全体の停止など、根本の処理を行う場合は親のコンテキストをキャンセルすれば子孫の処理すべてに伝達できますし、子の処理はそれぞれで独立してキャンセルやタイムアウトを行えるのです。

リスト34　コンテキストのキャンセル

```go
// キャンセル可能なコンテキストを作る
ctx, cancel := context.WithCancel(context.Background())
defer cancel()

// ctxを親にした、1秒でタイムアウトするコンテキストを作る
ctxChild, cancelChild := context.WithTimeout(ctx, time.Second)
defer cancelChild()

// どちらかのコンテキストが完了するまで待つ
select {
  case <-ctxChild.Done():
    fmt.Println("child", ctxChild.Err())
  case <-ctx.Done():
    fmt.Println("parent", ctx.Err())
}
```

3.8
goroutineの停止
並行処理、非同期実行のハンドリング

Goでの並行実行をつかさどる機構がgoroutineです。ネットワークアクセスなどで待ち時間の大きい処理を非同期に行いたい場合や、並行して複数の処理を行いたい場合など、さまざまな場面でgoroutineが利用されます。ここではgoroutineを外部から停止する方法について解説します。

goroutineを外部から停止する

goroutineを起動することは簡単です。go doSomething()として関数呼び出しにgoを付けるだけで、その関数は新しく生成されたgoroutine上で実行されます。開始したgoroutineは関数からreturnすることで終了します。しかし、あるgoroutineを別のgoroutineから強制的に停止する方法は用意されていません。

goroutineを外部から停止するためには、次のいずれかで情報をgoroutineに伝えて、自ら停止するように記述する必要があります。

・チャンネル
・contextパッケージ

チャンネルを使用する方法

まず、チャンネルをcloseすることで、goroutineに情報を伝える方法を紹介します。

リスト35ではgoroutineとチャンネル（channel）を使用してワーカーを実装しています。各ワーカーが平行して動作し、queueから取り出した情報を処理します。

チャンネルを送信側でcloseすると、そのチャンネルから受信した場合に第2の値がfalseになります。goroutineはそれを見て、自発的に処理を終了しreturnすることでgoroutineを停止する、という処理ができます。

チャンネルへ送信された値とは異なり、closeされたというイベントはそのチャンネルから受信しているすべてのgoroutineへ届くため、複数のgoroutineで共有している1つのチャンネルを使用して、一連のgoroutineをすべて制御できます。

ここでは、次のことに注意してください。

・チャンネルは一度しかcloseできない
・close済みのチャンネルに対して送信を行うことはできない

すでにcloseされたチャンネルを再度closeしようとしたり、close済みのチャンネルにメッセージを送信しようとしたりすると、実行時にpanicが発生します。チャンネルがcloseされているかどうかを実行時に調べることはできません。そのため、closeするのは1つのgoroutineだけ、という原則を守って設計する必要があります。

チャンネルがcloseされた場合に読み出される値の2つ目がfalseであるかを調べる代わりに、rangeを使用することもできます（リスト36）。

チャンネルがcloseされるとforループを脱出するため、goroutineを終了できます。

実際の開発から見えてきた実践テクニック

contextパッケージを使用する方法

次にcontextパッケージを使用して先の例を書き換えてみましょう（リスト37）。

context.WithCancelで返されるctxをgoroutineに渡してコンテキストを共有します。cancel()を実行するとctx.Done()のチャンネルから読み出し可能になるので、それをgoroutine内で把握して処理を終了するように記述します。

「3.7 タイムアウトする」の節で見たとおり、contextパッケージではタイムアウトを設定したコンテキストも利用できます（リスト38）。context.WithCancelの代わりにcontext.WithTimeoutを使用すると、cancel()を呼ぶか、指定した時間が経過したあとにctx.Done()から読み出し可能になるため、タイムアウトとキャンセル処理を統一的に扱えるのです。

なお、context.WithCancelやcontext.WithTimeoutから返される2つ目の返り値は、キャンセルを行うための関数です。実際の処理中にこの関数を呼ぶ必要がなかった場合でも、どこかのタイミングで必ず呼ぶ必要があります。一連の処理から抜けるときに確実に実行されるようにdefer cancel()としておきましょう。これを忘れるとメモリリークにつながるので注意が必要です。

標準パッケージや、多くの外部パッケージがcontext.Contextを受け取って処理をキャンセルするインターフェースを実装しています。処理の中断やタイムアウトにはcontextパッケージを利用することが一般的なため、自作の処理でも途中で打ち切りやタイムアウトをサポートしたい関数では、第1引数にcontext.Contextを受け取るインターフェースとするのが良いでしょう。

リスト35　チャンネルを使用したgoroutineの停止

```go
package main

import (
  "fmt"
  "sync"
)

var wg sync.WaitGroup

func main() {
  queue := make(chan string)
  for i := 0; i < 2; i++ { // 2つのgoroutine（ワーカー）を生成
    wg.Add(1)
    go fetchURL(queue)
  }

  queue <- "https://www.example.com"
  queue <- "https://www.example.net"
  queue <- "https://www.example.net/foo"
  queue <- "https://www.example.net/bar"

  close(queue) // goroutineに終了を伝える
  wg.Wait()    // すべてのgoroutineが終了するのを待つ
}

func fetchURL(queue chan string) {
  for {
    url, more := <-queue // closeされるとmoreがfalseになる
    if more {
      // url取得処理
      fmt.Println("fetching", url)
      // ...
    } else {
      fmt.Println("worker exit")
      wg.Done()
      return
    }
  }
}
```

リスト36　rangeによる値の取得

```go
func fetchURL(queue chan string, done chan bool) {
  for url := range queue {
    // url取得処理
  }
  fmt.Pritln("worker exit")
  done <- true
}
```

リスト37　contextによる停止(context.WithCancel)

```go
package main

import (
  "fmt"
  "sync"
  "context"
)

var wg sync.WaitGroup

func main() {
// キャンセルするためのContextを生成
  ctx, cancel := context.WithCancel(context.Background())
  queue := make(chan string)
  for i := 0; i < 2; i++ {
    wg.Add(1)
    go fetchURL(ctx, queue)
  }

  queue <- "https://www.example.com"
  queue <- "https://www.example.net"
  queue <- "https://www.example.net/foo"
  queue <- "https://www.example.net/bar"

  cancel()  // ctxを終了させる
  wg.Wait() // すべてのgoroutineが終了するのを待つ
}

func fetchURL(ctx context.Context, queue chan string) {
  for {
    select {
    case <-ctx.Done():
      fmt.Println("worker exit")
      wg.Done()
      return
    case url := <-queue:
      // URL取得処理
    }
  }
}
```

リスト38　contextによるタイムアウト

```go
// 2秒後にタイムアウトするcontext
ctx, cancel := context.WithTimeout(context.Background(), 2*time.Second)
defer cancel()
```

3.9 シグナルを扱う
適切にハンドリングするために

OSが外部からプロセスに割り込みを与えるための機構にシグナルがあります。
プロセスを終了させるためにユーザがSIGTERMというシグナルを送信したり、ユーザがプロセスに対して設定ファイルの再読み込みをさせるためにSIGHUPを送信する(受信したプロセスがそのように振る舞うように実装されている必要があります)、などの用途があります。ここではシグナルの扱い方を紹介します。

Goでシグナルを扱う

端末から起動したプロセスがフォアグラウンド[注4]で実行中にキーボードから Ctrl + C を送信すると、プロセスにはSIGINTというシグナルが送信されます。

プロセスがシグナルをハンドリングする処理をコードが定義しない場合、デフォルトではGoが定義している振る舞いをします。たとえばSIGHUP、SIGINT、SIGTERMのいずれかのシグナルを受信すると即座にプロセスが終了しますし、SIGQUIT、SIGILL、SIGTRAP、SIGABRT、SIGSTKFLT、SIGEMT、SIGSYSのいずれかを受信すると、コード内でpanicを実行したのと同様にスタックダンプを出力して終了します。詳細はos/signalのドキュメントを参照してください。

リスト39のようなプログラムを実行してほかのプロセスからSIGTERMを送信したり、端末から Ctrl + C を入力した場合、fmt.Println("done")は実行されずに終了することが分かります。

デフォルトの挙動ではシグナル受信時にその場でプロセスが終了してしまうため、実用的なプログラムの場合にはシグナルを適切にハンドリングする必要があるでしょう。

シグナルを受信した場合のアプリケーション固有の処理としては、次のようなものがあげられます。

- 外部からの新規のリクエストを受信しないようにする
- 受信時に実行中の処理が完了するまで待つ
- メモリ上に確保したバッファをすべて書き出してファイルを閉じる

このような処理を行いたい場合は、Goでシグナルを受信した場合にどう振る舞うかを記述する必要があります。

シグナルを取り扱うには、os/signalパッケージを使用し、os.Signal型の値を取り扱うチャンネルを作成してsignal.Notifyに与えます。

リスト39　シグナルのハンドリング

```go
package main

import (
  "fmt"
  "time"
)

func main() {
  defer fmt.Println("done")
  for {
    // 単に無限ループする
    time.Sleep(1 * time.Second)
  }
}
```

注4) 端末からの入力とコマンドの標準入力が関連付いている状態。

プロセスがシグナルを受信すると、signal.Notify に与えたチャンネルから os.Signal の値が取り出されます。シグナルを待ち受けるコードは受信するまでブロックするため、実際のプログラムではそれ以外の処理とは別の goroutine で動作させることになります。

シグナルを待ち受ける goroutine を動かして、無限ループしている関数をシグナル受信によって脱出するコードをリスト40に示します。

独自のシグナルを定義する

signal.Notify が扱うチャンネルは chan os.Signal 型です。

os.Signal の定義はリスト41のようなインターフェースになっているため、String() string と Signal さえ実装してあれば、独自の型の値も chan os.Signal へ送信できます。

リスト40 os/signal によるシグナルのハンドリング

```go
package main

import (
  "fmt"
  "os"
  "os/signal"
  "syscall"
  "time"
)

func main() {
  defer fmt.Println("done")
  // 取り扱うシグナルを決める
  trapSignals := []os.Signal{
    syscall.SIGHUP,
    syscall.SIGINT,
    syscall.SIGTERM,
    syscall.SIGQUIT}
  // 受信するチャンネルを用意
  sigCh := make(chan os.Signal, 1)
  // 受信する
  signal.Notify(sigCh, trapSignals...)

  // メインの処理を行う関数に渡す、キャンセル可能なコンテストを作る
  ctx, cancel := context.WithCancel(context.Background())
  // 別goroutineでシグナルを待ち受ける
  go func() {
    // シグナルを受信するまでブロックする
    sig := <-sigCh
    fmt.Println("Got signal", sig)
    // シグナルを受信したので終了させるためにキャンセルする
    cancel()
  }()
  doMain(ctx)
}

func doMain(ctx context.Context) {
  defer fmt.Println("done doMain")
  for {
    select {
      case <-ctx.Done():
        return
      default:
    }
    // 何らかの処理
  }
}
```

リスト41 os.Signal インターフェース

```go
type Signal interface {
  String() string
  Signal() // to distinguish from other Stringers
}
```

リスト42 独自のシグナルの定義

```go
package main

import (
  "os"
  "os/signal"
)

type MySignal struct {
  message string
}

func (s MySignal) String() string {
  return s.message
}

func (s MySignal) Signal() {}

func main() {
  log.Println("[info] Start")
  trapSignals := []os.Signal{
    syscall.SIGHUP,
    syscall.SIGINT,
    syscall.SIGTERM,
    syscall.SIGQUIT}
  // 受信するチャンネルを用意
  sigCh := make(chan os.Signal, 1)

  // 10秒後にsigChにMySignalの値を送信
  time.AfterFunc(10*time.Second, func() {
    sigCh <- MySignal{"timed out"}
  })

  signal.Notify(sigCh, trapSignals...)

  // 受信するまで待ち受ける
  sig := <-sigCh
  switch s := sig.(type) { // 型アサーションで判別
  case syscall.Signal:
    // osからのシグナルの場合
    log.Printf("[info] Got signal: %s(%d)", s, s)
  case MySignal:
    // アプリケーション独自のシグナルの場合
    log.Printf("[info] %s", s) // .String()が評価される
  }
}
```

一定時間後にプログラムをタイマーで停止するために独自シグナルを送信する例を考えてみましょう。

リスト42はシグナル（HUP、INT、TERM、QUIT）を受信するか、10秒経過すると終了する例です。

次が実行結果です。

実行中に端末から Ctrl + C を入力し SIGINT を送った場合は次のようになります。

```
$ go run sig.go
2019/04/24 10:49:16 [info] Start
2019/04/24 10:49:19 [info] Got signal: interrupt(2)
```

実行中に端末からシグナルを送信せず10秒経過した場合は、MySignal{"timed out"}が受信されるため、次のようになります。

```
$ go run sig.go
2019/04/24 00:49:46 [info] Start
2019/04/24 00:49:56 [info] timed out
```

MySignal 型の値を sigCh に送信することで、OSから送信されてくるシグナルとアプリケーション内部で通知に使用する独自シグナルを統一的に扱うことができます。タイマー以外でも次のような処理を行うアプリケーションでは、終了処理を1カ所にまとめることでメンテナンス性を向上できるでしょう。

・外部からコマンドを受け付けて停止処理を行う

・特定の条件を満たしたら終了する

fluent-agent-hydraでは、すべてのログ入力のためのgoroutine（ファイル追尾、ネットワークからの入力など）が停止したのを検知すると、アプリケーション内部の hydra.Signal 型の値を送信するようになっています。このように実装することで、標準入力からログを受け入れる設定で動作している場合に、入力が閉じられたタイミングでOSから SIGTERM が送られた場合と同様に終了処理に移行できます。

まとめ

実用的なアプリケーションというものは、処理する内容自体が有用であることはもちろんですが、パフォーマンスが高いこと、運用やメンテナンスが容易であることも重要です。メモリ消費量が多過ぎたり、予期せぬ停止でデータが破損したり、コードが複雑で機能追加が難しかったりすると、アプリケーションの価値が減ってしまいます。

本章で紹介したテクニックを参考に、Goで有用なツールやプロダクトが開発されることを願っています。

第4章
コマンドラインツールを作る
実用的かつ保守しやすいコマンドラインツールを作ろう

本章ではGoを使ったコマンドラインツール（以下CLIツール）の作り方について解説します。CLIツールはGoの実用事例としてよく挙げられます。そのため初心者向けの解説記事や資料はすでに多く見られます。本章ではそれらの初心者向けの記事から一歩進んだ「より実用的な」CLIツールの作り方について解説します。

本章では、まずなぜCLIツールの作成にGoを採用するのか？を具体的な事例を交えて解説します。次にCLIツールのデザインパターンを紹介し後節の導入を示します。そしてCLIツールを書く際に便利なパッケージの紹介と具体的な使い方について、flagパッケージとサブコマンドを持ったCLIツールを書くためのパッケージについてそれぞれ解説します。最後に利用者にとって使いやすく、開発者にとってもメンテナンスしやすいコードを書くための手法を紹介します。

中島大一(NAKASHIMA Taichi)
株式会社メルカリ(Mercari Inc.)
Twitter : @deeeet
GitHub : tcnksm
Blog: http://deeeet.com/

上田拓也(UEDA Takuya)
株式会社メルカリ(Mercari Inc.)
Twitter : @tenntenn
GitHub : tenntenn
https://github.com/tenntenn/bio

4.1
なぜGoでCLIツールを書くのか？
3つの利点

本節ではなぜCLIツールをGoで書くと良いのか、その利点とリアルワールドの実例として筆者が働いている株式会社メルカリ（以下、メルカリ）における事例を簡単に紹介します。

GoでCLIツールを書く利点

CLIツールの作成にGoを採用する理由として次の3つの利点が挙げられます。

- 配布のしやすさ
- 複数プラットフォームへの対応のしやすさ
- パフォーマンス

配布のしやすさ

Goで作成したCLIツールは配布が簡単です。Goはコンパイル言語であるため、コードをコンパイルして実行可能なバイナリを作成できます。ツールの作者は作成したバイナリをGitHubのRelease page注1やbintray注2にアップロードするだけで配布できます。ユーザはそこからバイナリをダウンロードして自身の$PATH（Windowsであれば%PATH%、以下$PATH）に配置するだけですぐに利用できます。ユーザがGoの環境を整えているならば、go getコマンドのみでツールのソースのダウンロード、コンパイル、バイナリの配置（$GOPATH/bin）も行えます。

複数プラットフォームへの対応のしやすさ

Goは簡単にクロスコンパイルを行えます。そのため複数プラットフォームの対応が容易です。たとえば、次のようにGOOSとGOARCHという環境変数を指定することで、macOSにおいてでもLinux 64bit向けのバイナリを作成できます。

```
# Linux 64bit 向けのバイナリを作成する
$ GOOS=linux GOARCH=amd64 go build -o bin/hello-world
```

またgoxというツールを使えば、さまざまなプラットフォーム向けのクロスコンパイルを並列に行うことができます。
URL https://github.com/mitchellh/gox

パフォーマンス

パフォーマンスについても利点の1つといえるでしょう。Goはコンパイラ言語のため、実行時にコードを解釈する必要があるLL言語と比較すると高速なツールを書けます。

また、goroutineとチャンネル（channel）によって並行処理を簡単に書くことができます。そのため、ファイルアクセスやネットワークアクセスによってI/O待ちが頻繁に発生する処理が多い場合はパフォーマンスの向上が期待できます。

注1) URL https://help.github.com/articles/creating-releases/
注2) URL https://bintray.com/

メルカリにおける事例

最後に筆者が勤めているメルカリにおける実例を簡単に紹介します。メルカリでは多くの社内ツールやミドルウェア、マイクロサービスをGoで開発しています。その1つにWindows ServerからGoogle Cloud Platform上のサーバに日時でデータを送る処理を行うツールがあります。Windows Server上で動くツールですが、クロスコンパイルができるおかげでmacOS上での開発が可能でした。また、osパッケージやpath/filepathパッケージなど、OS固有の処理を吸収してくれるパッケージが標準で用意されているため、楽に開発ができました。送信するデータは複数種類あり、逐次送信していると非常に時間がかかりますが、goroutineとチャンネルを使い同時に複数のファイルをアップロードすることができ、実行時間の短縮にもつながりました。Windows Serverは別で管理されていたため、担当者にツールのバイナリを渡してデプロイしてもらい、日時バッチに組み込んでもらうだけで動作できるのもGoを採用して良かった点だといえます。

4.2
デザイン
インターフェースとリポジトリ構成

本節ではCLIツールのデザインについて紹介します。まずは言語によらないCLIのインターフェースのパターンについて紹介し、作りたいパターンに応じて後節のどこを読むべきかの導入を示します。最後にGoにおいてCLIツールを作り始める際のリポジトリ構成パターンを紹介します。

CLIツールのインターフェース

CLIツールはコマンドライン引数の取り方によって大きく2つのパターンに分類できます。lsやgrepといった伝統的なUNIXコマンドのようにオプション引数のみを持つパターンと、gitやbrewのようにオプション引数だけでなく、より複雑なタスクを実行するために指定されるサブコマンドを持つパターンです。本章ではこの2つのパターンを「シングルコマンドパターン」、「サブコマンドパターン」と呼びます。それぞれ具体的に説明していきます。

シングルコマンドパターン

まず「シングルコマンドパターン」のインターフェースは次のようになります。

```
$ EXECUTABLE [options] [<args>]
```

このパターンは、実行ファイル名(EXECUTABLE)で始まります。そしてその動作を変更するためのオプション引数(options)が続き、ファイル名やURLなどの引数(args)を持ちます。[]は必須ではなく任意であることを示しています。つまりコマンドを実行するにはEXECUTABLEのみで完結することもあれば、複数のオプション引数や引数を同時に持つこともあります。

『UNIXの哲学』[注3]にもとづき、1つタスクのみに徹するシンプルなツールを書きたい場合はこのパターンに従うのが良いでしょう。Goではflagパッケージを使うことでこのパターンのCLIツールを書くことができます。4.3節では具体的なflagパッケージの使い方を紹介します。

サブコマンドパターン

「サブコマンドパターン」のインターフェースは次のようになります。

```
$ EXECUTABLE [options] <command> [<args>]
```

このパターンは、オプション引数(options)や引数(args)だけではなく、動作を大きく変えるためのサブコマンド(command)を持ちます。「シングルコマンドパターン」と同様にオプション引数や引数は任意で指定できますが、基本的にサブコマンドの指定は必須です。

このパターンは1つのEXECUTABLEで多くのタスクをこなしたい場合に採用するべきパターンです。たとえば、自社で開発しているAPIを操作するための専用CLIツールを提供したいとします。特定の操作ごとにEXECUTABLEを提供するのはユーザにとってはダウンロードなどのコストが、開発者にとってはメンテナンスのコストが大きくなります。だからといってオプション引数のみで

注3) **URL** https://en.wikipedia.org/wiki/Unix_philosophy

すべてを賄おうとすると、使いにくいインターフェースになってしまいます。

2つ以上の「動詞」を持つ場合はこのパターンを採用するのが良い指針であると筆者は考えます。ここでの動詞とは、たとえば「ログインする」（login）や「ダウンロードする」（download)といった具体的なコマンドの動作と一致します。作りたいツールが「ダウンロードする」ことに特化しているなら「シングルコマンドパターン」で十分でしょう。同時に「ログインする」という別の動詞も持ちたいのであれば「サブコマンドパターン」にしてしまうのが良いです。

GoでこのパターンのCLIを作るにはサードパーティから提供されているパッケージを使うのが良いでしょう。4.4節では具体的なパッケージの紹介とその使い方を紹介します。

リポジトリ構成

GoでCLIツールを作る際のリポジトリ構成のパターンを紹介します。ディレクトリ構成には公式として定められているルールと、コミュニティに慣習として存在するパターンがあります[注4]ここではコードを最終的にOSSとして公開することを前提とします。例としてリモートリポジトリにgithub.com/tcnksmを利用し、todoというコンソール上でTODOを管理するツールを作ることにします。

多くのユーザはツールのインストールに`go get`を使います。そのため`go get`を前提としたディレクトリ構成をはじめから作るべきです。コードは`$GOPATH/src`配下に次のように配置します。

```
# 基本的なソースコードの配置
$GOPATH/src/github.com/tcnksm/todo
```

リポジトリ内におけるディレクトリ構成のパターンは、成果物を何にするかによりいくつかの

パターンが分けられます。todoというCLIツールのバイナリのみを成果物とする場合は、単にルートディレクトリに`main`パッケージのコードを配置します。必要であればサブディレクトリを作ってヘルパーの関数などを定義することもできます。

最終成果物としてバイナリだけではなくライブラリも提供したい場合があります。たとえばTODOを管理するツールの場合、そのロジックをライブラリとして提供し開発者が独自のツールを開発できるようにしたいと考えるかもしれません。このような場合、バイナリかライブラリのどちらをメインの成果物にするかによりパターンが分かれます。次にそれぞれのパターンについて詳しく解説します。

バイナリをメインの成果物とする場合

バイナリをメインの成果物とし、同時にそのライブラリも提供したい場合は次のようなディレクトリ構成にするのが良いでしょう。メインとなるバイナリのコード（`package main`）をルートディレクトリに配置します。そしてライブラリは`lib`ディレクトリを作りその中に配置します。

```
# バイナリをメインとする場合のディレクトリ構成
$GOPATH/src/github.com/tcnksm/todo
    main.go              # package main
    main_test.go         # package main
    lib/
        todo.go          # package todo
        todo_test.go     # pacakge todo
```

ライブラリをメインの成果物とする場合

ライブラリをメインの成果物とし、同時にバイナリも提供したい場合は、次のようなディレクトリ構成にするのが良いでしょう。最初のパターンとは逆に、メインとなるライブラリのコードをルートディレクトリに配置します。そして、バイナリのコードは`cmd/todo`ディレクトリ配下に置きます。

注4) ディレクトリ構成については第1章「1.3 Goをはじめる」でも触れています。

第4章 コマンドラインツールを作る

実用的かつ保守しやすいコマンドラインツールを作ろう

```
# ライブラリをメインとする場合のディレクトリ構成
$GOPATH/src/github.com/tcnksm/todo
    todo.go                 # package todo
    todo_test.go            # package todo
    cmd/
        todo/
            main.go         # pacakge main
            main_test.go    # pacakge main
```

cmdディレクトリを作る理由は大きく2つあります。Goのビルドコマンドである **go build** はデフォルトでmainパッケージが置かれるディレクトリ名を出力するバイナリ名として判断します。つまりcmdディレクトリを使うことで特別なスクリプトを使わずに理想的なバイナリ名を決めること

ができます。そしてcmdというディレクトリ名からこれはCLIツールであることが容易に想像できます。**go get** をするユーザに自分が何をインストールしようとしているのかを明示的に伝えることができます。さらにtodo以外のコマンドを配布したくなった場合でもcmdディレクトリの中に置くだけで簡単に **go get** 対応のコマンドを配布できます。

これらのパターンは公式に定められているものではなくコミュニティの慣習から生まれました。そのため、将来的には変わる可能性もありますが現状ではベストプラクティスといえるでしょう。

 # 4.3 flag パッケージ
コマンドラインオプションを活用する

本節ではGoの標準パッケージの1つであるflagパッケージの使い方について解説します。

 ## flagパッケージとは

flagパッケージを使えば、CLIツールの実行時に指定するオプション引数（たとえば-port）を扱うことができます。オプション引数は、コマンドの挙動を変更するために用いられ、CLIツールの実装の基本であるといえるでしょう。

それではまず、flagパッケージの基本的な使い方を述べ、内部の実装とともに簡単なカスタマイズを行うための方法を説明します。続いて応用編として、Flag.Valueを使い独自のflagパーサを実装する方法を紹介します。

flagパッケージには十分な機能が備わっていますが、開発者によっては柔軟性がないと感じることも多いようです。そのためサードパーティ製のパッケージもいくつか開発されています。本節の最後ではそれらのパッケージの簡単な紹介もします。

 ## 基本的な使い方

まずは基本的な使い方を紹介します。ここでは例として次のように-portオプションにより利用するポート番号を変更できるcmdというコマンドを実装するとします。ポート番号はint型として受け取ります。

```
$ cmd -port 4567
```

オプション引数は2つの方法で処理できます。コマンドラインから受け取った値をポインタとして参照する方法と、受け取った値をあらかじめ定義した変数に代入する方法です。

まず、受け取った値をポインタとして参照する実装はリスト1のようになります。

受け取った値は*int型のportポインタが指すメモリに代入されます。

flag.Int関数の第1引数は実行時のオプション引数の名前を指定します。これにより-portもしくは--portというオプションを指定できるようになります。第2引数は実行時に指定がなかった場合のデフォルト値を指定します。デフォルト値はパッケージ定数として定義しておくと良いでしょう。最後の引数はヘルプメッセージです。flagパッケージはそのほかのオプション引数の定義をまとめたヘルプメッセージを自動的に生成してくれます。この値はそのヘルプメッセージに利用されます。

次に、受け取った値をあらかじめ定義した変数に代入する方法です（リスト2）。

flag.IntVar関数の第1引数にint型の変数portのアドレスを渡し、そこに値を代入します。あとの引数はflag.Int関数と同様になります。

リスト1　受け取った値をポインタとして参照する

```
// 受け取った値をポインタとして返す
const defaultPort = 3000
var port = flag.Int("port", defaultPort, "use")
```

こちらの方法はポインタを受け取る場合と比べて記述量が若干増えます。筆者はオプションの値を参照する際にポインタのデリファレンス(`*port`)をなるべく避けるためこちらの方法をメインに利用しています。

最後に次のように`flag.Parse`関数を呼び出すことでこれらの値を利用できるようになります。

```
flag.Parse()
```

`flag.Parse`関数は通常`main`関数の先頭で呼び出します。`flag.Parse`関数の呼び出しを忘れてしまうとオプション引数が取得できないので注意してください。

先に述べたように`flag`パッケージはヘルプメッセージを自動で生成する機能を持っています。`flag`パッケージの内部で`-h`と`-help`というオプション引数のパースがハードコードされておりデフォルトで利用できます。ここで扱っている例の場合、リスト3のようなヘルプメッセージが表示されます。

ここでは`int`型の値を受け取る方法を紹介しましたが、ほかにも`string`型や`bool`型も同様に定義できます。ただし`bool`型はほかの型の場合とは異なり、オプション引数を指定する際に値(たとえば`true`)などを渡す必要はありません。また本節で後述するように独自の型を定義することもできます。

いくつかのテクニック

基本的な使い方は理解していただけたとして、実際に実装するときに使えるテクニックを3つ紹介します。

ロングオプションとショートオプション

CLIツールのオプションには2種類あります。ロングオプションとショートオプションです。たとえば、`--force`がロングオプションで`-f`がショートオプションです。この2つは同じ挙動が期待されますが、利用シーンが異なります。ロングオプションはより説明的であり、シェルスクリプトやドキュメントで利用します。これによりコマンドの意味がより伝わりやすくなります。ショートオプションは、余分なタイプを減らし、簡単に・すばやくコマンドを実行したい場合に利用します。

2つのオプションを準備することは必須ではありませんが、あるとユーザにとって使いやすいツールとなるでしょう。

`flag`パッケージでは、定義をもう1つ追加するだけで実現できます。たとえば前述の例で`-port`というロングオプションのみを提供していますが、これに加えてショートオプション`-p`も定義したい場合は、リスト4のように記述します。

`flag`パッケージを用いるとロングオプションとショートオプションで同じような記述を必要と

リスト2 受け取った値をあらかじめ定義した変数に代入する

```
// 受け取った値をあらかじめ定義した変数に代入する
const defaultPort = 3000
var port int
flag.IntVar(&port, "port", defaultPort, "port to use")
```

リスト3 ヘルプメッセージの出力例

```
$ cmd -help
Usage of cmd:
  -port int
      port to use (default 3000)
```

リスト4 ショートオプションとロングオプションを定義する

```
// ショートオプションとロングオプションを定義する
const defaultPort = 3000
var port int
flag.IntVar(&port, "port", defaultPort, "port to use")
flag.IntVar(&port, "p", defaultPort, "port to use (short)")
```

するため、若干煩雑になります。そのため、簡単に記述するためのサードパーティ製のパッケージがいくつか存在します。本章の最後にはそれらのサードパーティ製のパッケージについて紹介します。

環境変数

オプション引数からだけでなく、環境変数からもコマンドの挙動を変えたいことがあります。デフォルトでは環境変数の値を使い、オプション引数で挙動を上書きするといった実装が考えられます。設定の窓口を増やし、ユーザの好みや環境に合った使い方を提供できることは大切です。

前述の例でPORTという環境変数の値をデフォルト値としたい場合は**リスト5**のようにします。

どこに記述するか？

最後はテクニックではありませんが、フラグの定義をどこに記述するのが良いか？ について書きます。よく見るのはパッケージ変数として定義する方法です。たとえば`go fmt`などはパッケージ変数を使っています。これによりコードの記述量は減ります。

筆者はパッケージ変数として定義する手法は使いません。理由は次の2つです。

・コードの可読性が下がる
・Composable ではなくなる

パッケージ変数を多用するとコードを追う作業が大変になり可読性が下がります。また、パッケージ変数を前提に関数を書くと、パッケージと

してコードを切り出しにくくなります。コードの記述量は犠牲にしてもパッケージスコープでの定義は避けると良いでしょう。

なお、これは好みの問題ですので、自分に見合った選択をするのが良いでしょう。

 **内部実装とカスタマイズ**

`flag.Int`関数や`flag.IntVar`関数（ほかの型も同様）は内部でいくつかの暗黙的な処理を行っています。単純に使うのであれば十分ですが、その暗黙的な処理を独自のものに変更したい場合があります。たとえば`flag.Parse`関数は不正な値を渡したり、パースに失敗すると`os.Stderr`にエラーを出力してすぐに終了してしまいます。独自のエラー処理を追加するにはどうすればいいのでしょうか？ またはエラーの出力先を変えるにはどうすればいいのでしょうか？ ここでは簡単に内部の実装を覗きつつ、独自にカスタマイズする方法について述べます。

flag.IntVarの実装

`flag.IntVar`関数の実装を順番に追い、`flag`パッケージが内部で何をしているのかを理解していきましょう。`flag.IntVar`関数は**リスト6**のように定義されています。

`CommandLine`変数の`Var`メソッドを呼び出しています。`Commandline`はパッケージ変数で**リスト7**のように定義されています。

`CommandLine`変数は`flag.NewFlagSet`関数と

リスト5　環境変数をデフォルト値として利用する

```
// 環境変数をデフォルト値として利用する
envPort, _ := strconv.Atoi(os.Getenv("PORT"))
var port int
flag.IntVar(&port, "port", envPort, "port to use")
```

リスト6　IntVar関数の実装

```
// IntVar関数の実装
func IntVar(p *int, name string, value int, usage string) {
  CommandLine.Var(newIntValue(value, p), name, usage)
}
```

リスト7 CommandLineの実装

```
// CommandLineの実装。パッケージ変数として生成される
var CommandLine = NewFlagSet(os.Args[0], ExitOnError)
```

いう関数により初期化されています。リスト8で
flag.NewFlagSet関数の実装を見てみます。

flag.NewFlagSet関数は名前とエラーハンド
リングに関するパラメータ(flag.Error
Handling型の値)を受け取り、それらをもとに
*flag.FlagSet型の値を生成して返しています。

flag.FlagSet型は定義した各フラグを保持す
るための構造体です。メソッドとしてIntVarや
StringVarを持っており、使いたいオプションを
追加していきます。Parseメソッドによりコマン
ドラインから受け取った値を指定された変数に代
入する、またはポインタとして返します。flag
パッケージの実体は*flag.FlagSet型の値とそ
のメソッド群であるといえます。

CommandLine変数の初期化に話を戻します。引
き数nameにはos.Args[0]、つまり実行コマンド
名を指定し、引数errorHandlingにはflag.
ExitOnErrorが指定されています。flag.
ExitOnErrorはflag.ErrorHandling型の定数
です。これはParseメソッドの実行時に与えらた
フラグの解析に失敗したときの挙動を示します。
flag.ErrorHandling型の定数には次の3つが定
義されています。

- flag.ContinueOnError：エラーを返す
- flag.ExitOnError：終了ステータス2で終了
  する(os.Exit(2)を呼び出す)
- flag.PanicOnError：panicを呼ぶ

flagパッケージのflag.Parse関数でエラーが
起こった場合に即終了する挙動は、flag.
ExitOnErrorが指定されているからです。flag.
ErrorHandlingはあとから変更することはでき

ないため、独自のエラー処理を書きたい場合は
*flag.FlagSet型の値を自分で用意する必要が
あります。

さらにflag.Parse関数の定義について見てみ
ましょう。リスト9のように定義されています。

os.Args[1:]に対してParseメソッドが呼ば
れフラグが解析されています。解析対象を変えた
い場合やオプション引数を含めたテストを書きた
い場合は*flag.FlagSet型の値を自分で定義し
てParseメソッドを呼び出す必要があります。

つまり、*flag.FlagSet型の値を使う方法は
2つあります。デフォルトであるCommandLine変
数を介する方法(これはflagパッケージのパッ
ケージ関数を使うのと同じです)と自分で*flag.
FlagSet型の値を用意しそのメソッドを呼ぶ方法
です。

筆者は自分のエラー処理を書きたい、かつ明示
的かつコンポーサブルなコードを書きたいために
(この考え方については後節でより詳しく解説し
ます)後者の方法を常に使います。

カスタマイズする

ここでは独自に*flag.FlagSet型の値を用意
し、その動作をカスタマイズする方法を紹介しま
す。

*flag.FlagSet型のParseメソッドのエラー
ハンドリングの挙動を変更することで、独自のエ
ラー処理ができます。エラーハンドリングの挙動
を変更するには、*flag.FlagSet型の値を新し
く生成する際にNewFlagSet関数の第2引数で
flag.ContinueOnErrorを指定します。そうす
ると、エラーが発生した際に処理が止まらず、

リスト8　NewFlagSetの実装

```
// NewFlagSetの実装
func NewFlagSet(name string, errorHandling ErrorHandling) *FlagSet {
  f := &FlagSet{
    name:          name,
    errorHandling: errorHandling,
  }
  f.Usage = f.defaultUsage
  return f
}
```

リスト9　Parse関数の実装

```
// Parse関数の実装
func Parse() {
  CommandLine.Parse(os.Args[1:])
}
```

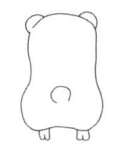
flag.Parse関数がエラーを返すようになります。リスト10のように書くことで、独自のエラー処理ができます。

メッセージの出力先を変更する方法こともできます。flagパッケージのデフォルトの出力先はos.Stderrが使われます。これをos.Stdoutに変更したい、もしくはテストのためにbytes.Bufferに変更したい場合があります（このテストの方法はあとの節で説明します）。変更するにはSetOutputメソッドを使い、出力先にしたio.Writerを指定します。たとえばos.Stdoutに変更したい場合はリスト11のように記述します。

前述のとおりflagパッケージはデフォルトでヘルプメッセージを自動生成します。しかし自分なりのヘルプメッセージを使いたい場合もあります。リスト12のように、FlagSetのUsageフィールドを設定することでヘルプの挙動を変更できます。

応用的な使い方

flagパッケージはデフォルトでint型やstring型、bool型としてオプション引数を受け取ることができます。flag.Valueを使うと独自の型を定義できます。本節ではその実装方法について解説します。

まず再びflag.IntVar内部の実装を読み、デフォルトの型がどのように定義されているかを追います。それから具体的に独自の型を実装します。

再びflag.IntVarの実装を追う

flag.IntVar関数はリスト13のように定義されています。

前節ではCommandLine変数に着目しましたが、ここではVarメソッドに着目します。実装はリス

リスト10 独自のFlagSetを生成

```
// 独自のFlagSetを生成する。エラー時に終了せず、エラーを返す
flags := flag.NewFlagSet("example", flag.ContinueOnError)


if err := flags.Parse(os.Args[1:]); err != nil {
  // エラー処理
}
```

リスト11 メッセージの出力先を変更する

```
// メッセージの出力先を変更する
flags := flag.NewFlagSet("example", flag.ContinueOnError)
flags.SetOutput(os.Stdout)
```

リスト12 ヘルプメッセージを変更する

```
// ヘルプメッセージを変更する
flags := flag.NewFlagSet("example", flag.ContinueOnError)
flags.Usage = func() { fmt.Println("Usage: example PATH") }
```

リスト13 IntVar関数の定義

```
// IntVar関数の定義
func IntVar(p *int, name string, value int, usage string) {
  CommandLine.Var(newIntValue(value, p), name, usage)
}
```

第4章 コマンドラインツールを作る

実用的かつ保守しやすいコマンドラインツールを作ろう

ト14のようになっています。

第1引数でflag.Value型の値を受け取り、第2引数でフラグの名前、そして第3引数でヘルプメッセージを受け取ります。メソッド内では、まず新たに*flag.Flag型の値を生成します。Flag構造体はフラグの名前や使い方、デフォルト値、そして引数として渡されたflag.Value型の値を保持します。渡されたフラグがすでに登録済みであるかチェックし、されていなければmap[string]*flag.Flag型のフィールドへグラフの名前をキーとして登録します。

*flag.FlagSet型のVarメソッドの第1引数で渡されるValue型はリスト15のように定義されています。

flag.Value型はインタフェースです。Valueインタフェースを実装するには、StringとSetという2つのメソッドを定義する必要があります。Stringメソッドはヘルプメッセージにおけるデフォルト値に利用されます。SetメソッドはParseメソッドで呼び出され、コマンド実行時に指定されたオプション引数から受け取った値を処理するために利用されます。

flag.IntVar関数の実装を見てみると、newIntValueという関数を使って*intValue型の値を返しています。*intValueはValueインターフェースをリスト16のように実装しています。

コマンドラインから与えられるコマンドライン

リスト14　Varメソッドの実装

```
// Varメソッドの実装
func (f *FlagSet) Var(value Value, name string, usage string) {
  // 新たに*Flag型の値を生成する
  flag := &Flag{name, usage, value, value.String()}

  // フラグがすでに登録されているかをチェックする
  _, alreadythere := f.formal[name]
  if alreadythere {
    var msg string
    if f.name == "" {
      msg = fmt.Sprintf("flag redefined: %s", name)
    } else {
      msg = fmt.Sprintf("%s flag redefined: %s", f.name, name)
    }
    fmt.Fprintln(f.out(), msg)
    panic(msg) // Happens only if flags are declared with identical names
  }

  // 初期化処理
  if f.formal == nil {
    f.formal = make(map[string]*Flag)
  }

  // 登録する
  f.formal[name] = flag
}
```

リスト15　Value型の定義

```
// Value型の定義
type Value interface {
  String() string
  Set(string) error
}
```

リスト16　Setの実装

```
// Setの実装
func (i *intValue) Set(s string) error {
  v, err := strconv.ParseInt(s, 0, strconv.IntSize)
  if err != nil {
    err = numError(err)
  }
  *i = intValue(v)
  return err
}

// Stringの実装
func (i *intValue) String() string { return strconv.Itoa(int(*i)) }
```

引数はすべて string 型として渡されます。*intValue 型 Set メソッドではそれらの string 型の値を strconv パッケージを使って int 型に変換する処理が実装されています。

独自の型を定義する

では実際に Value インタフェースを実装した独自の型を定義してみましょう。ここでは例として次のように -species オプションで複数の動物の種類をカンマ（,）区切りの文字列で受ける cmd というコマンドを実装するとします。

```
$ cmd -species gopher,human
```

リスト 17 のような strSliceValue という型を定義し、受け取った値をスライスとしてパースできるようにします。

Value インターフェースを実装するために、リスト 18 のように Set メソッドと String メソッドを定義します。

Set メソッドでは、引数で受け取ったカンマ区切りの文字列を strings.Split 関数でスライスにしてレシーバ v に append 関数で追加しています。append 関数を使うことで、複数回 -species を指定することもできるようになります。

リスト 19 のように []string 型の変数を定義

し、*strSliceValue 型にキャストして flag.Var 関数に渡すことで、-species オプションをスライスとして受け取ることができるようになります。

サードパーティ製のパッケージの紹介

flag パッケージは便利ですが、あるシチュエーションにおいては不便に感じてしまう点がいくつかあります。たとえば、ロングオプションとショートオプションを両方準備するには定義をそれぞれ書かなければなりませんでした。指定が必須のオプションを作りたいときも自分でその処理を記述する必要があります。またロングオプションの形式は、そのほかの GNU/POSIX のコマンドラインツールとは異なります。

これらの理由からサードパーティからもいくつかのパッケージが登場しています。ここでは次の 3 つのパッケージについて簡単に紹介します。なお具体的な使い方についてはそれぞれの GoDoc などを参考にしてください。

- spf13/pflag
  URL https://github.com/spf13/pflag

- jessevdk/go-flags
  URL https://github.com/jessevdk/go-flags

- alecthomas/kingpin
  URL https://github.com/alecthomas/kingpin

spf13/pflag パッケージ

spf13/pflag パッケージは標準の flag パッケージに GUN/POSIX スタイルのフラグを実装しています。ogier/pflag パッケージのフォークです（こちらの開発は止まっているようです）。関数やメソッドのインターフェースは flag パッケージと同じですが、ロングオプションは -- で

リスト 17　strSliceValue 型の定義

```
type strSliceValue []string
```

リスト 18　Value インターフェースの実装

```
// Valueインターフェースの実装
func (v *strSliceValue) Set(s string) error {
  strs := strings.Split(s, ",")
  *v = append(*v, strs...)
  return nil
}


func (v *strSliceValue) String() string {
  return strings.Join(([]string)(*v), ",")
}
```

リスト 19　独自のフラグを利用する

```
// 独自のフラグを利用する
var species []string
flag.Var((*strSliceValue)(&species), "species", "")
```

第4章 コマンドラインツールを作る

実用的かつ保守しやすいコマンドラインツールを作ろう

始まり、ショートオプションは-で始まることを強制できます。またロングオプションとショートオプションを同時に定義できます。ほかにもDeprecated（推奨しない）なフラグをユーザが使ったときに警告を提示するなどができます。

jessevdk/go-flagsパッケージ

jessevdk/go-flagsパッケージは構造体とそのフィールドのタグでフラグを定義します。たとえば、flagパッケージの説明で利用した-portオプションはリスト20のように記述できます。

このようにタグを活用することでオプションにさまざまな機能を付与できます。この例ではロングオプションとショートオプションを同時に指定し、かつ必須オプションとし、指定されていない場合は実行時にエラーにできます。

alecthomas/kingpinパッケージ

alecthomas/kingpinパッケージはメソッドチェーンでフラグに機能を付加します。たとえば、同じく-portオプションを定義するにはリスト21のようにします。

こちらも同時にロングオプションとショートオプションを指定し、かつ必須オプションとしています。

どのパッケージを使うかは好みの問題です。ちなみに筆者はサードパーティのパッケージに目移りした時期がありましたが現在は標準のflagパッケージしか使いません。

リスト20　jessevdk/go-flagsでのフラグの定義

```
// jessevdk/go-flagsでのフラグの定義
type Options struct {
  Port int `short:"p" long:"port" description:"port to listen" required:"true"`
}
```

リスト21　alecthomas/kingpinでのフラグの定義

```
// alecthomas/kingpinでのフラグの定義
port := kingpin.Flag("port", "port to listen").Short('p').Required().Int()
```

4.4 サブコマンドを持った CLI ツール

サードパーティ製パッケージの活用

本節ではサブコマンドを持ったCLIツールの作り方を説明します。サブコマンドを持ったCLIツールは標準パッケージのみを使い自分で一から書くことができます。またはサードパーティ製のパッケージも多く公開されているため、それらを利用して書くこともできます。筆者の考えでは、外部パッケージの依存をなるべく避けたいなど特別な理由がない限りはサードパーティ製のパッケージの1つを選択して利用することをお勧めします。本節でもサードパーティ製のパッケージを利用します。

本節では、広く知られているサードパーティ製のパッケージを5つ紹介します。そのうち筆者がよく利用するmitchellh/cliパッケージについては基本的な使い方を解説します。

サードパーティ製のパッケージの紹介

次の5つのパッケージはGoコミュニティで広く知られているといえるでしょう。

- urfave/cli
  URL https://github.com/urfave/cli注5

- spf13/cobra
  URL https://github.com/spf13/cobra

- docopt/docopt.go
  URL https://github.com/docopt/docopt.go

- mitchellh/cli
  URL https://github.com/mitchellh/cli

- google/subcommands
  URL https://github.com/google/subcommands

それぞれのパッケージを簡単に紹介していきま

すが、具体的な使い方についてはGoDocなどを参考にしてください。

urfave/cli

urfave/cliパッケージはGoのWebフレームワークであるnegroni注6の作者として知られているcodegangsta注7氏によるサブコマンドパッケージです。その簡潔さにより多くのプロジェクトで採用されてきました。たとえばdocker-machine注8やrunc注9で利用されています。もともとはcodegangsta氏のプロジェクトとして開発・メンテナンスされていましたが、管理者の移行でリポジトリも変更になりました。

App構造体を中心にサブコマンドやフラグなどを登録していくことでコマンドを構築していきます。サブコマンドの定義はCommand構造体で行い、そこに名前や使い方、実行コマンドなどを登録していきます。

urfave/cliは初心者にも分かりやすいパッケージとしてよく紹介されます。コードの書き方

注5） 元codegangsta/cli
　　 URL https://github.com/codegangsta/cli

注6） URL https://github.com/codegangsta/negroni
注7） URL https://github.com/codegangsta
注8） URL https://github.com/docker/machine
注9） URL https://github.com/opencontainers/runc

がほかのLL言語に似ているからだと思います。参考にできる利用例も多いのでとりあえず始めたい場合には便利なパッケージです。

spf13/cobra

spf13/cobraパッケージはGoによる静的サイトジェネレータであるhugo[注10]の作者として知られているspf13[注11]氏によるパッケージです。これも多くのプロジェクトで使われているパッケージです。たとえば、Kubernetes[注12]やDelve[注13]などで使われています。

codegangsta/cliパッケージと同様にCommandという構造体に名前や使い方を定義することでコマンドを構築します。

spf13/cobraパッケージで特徴的なのは、プロジェクトの雛形を生成するためのCLIツールが準備されていることでしょう。たとえばTODOを管理するtodoというCLIツールを作成するとします。雛形を生成し、TODOを追加するaddとTODOを表示するlistというサブコマンドを追加するには、cobraコマンドを用いて次のようにします。

```
// コマンドによる雛形の生成
$ cobra init todo
$ cobra add add
$ cobra add list
```

spf13[注14]氏はcobraだけでなく、前節で紹介したspf13/pflagパッケージや、JSONやYAMLによる設定ファイルを簡単に扱うためのspf13/viperパッケージも開発しています。cobraはこれらのパッケージとの相性が良くコードもそれらを使うように生成されます。

docopt/docopt.go

docopt/docopt.goパッケージはdocopt.org[注15]

というCLIツールのオプションのパーサをヘルプメッセージから生成するというプロジェクト("Command-line interface description language"と呼んでいます)のGo実装です。これはもともとPythonでCLIを書くために作られましたがほかの言語にも移植されました。docoptsの思想に共感できる、もしくはその記述文法が肌に合うのであれば良い選択肢になるでしょう。

mitchellh/cli

mitchellh/cliパッケージはHashiCorp[注16]のfounderの1人であるmitchellh[注17]氏によるパッケージです。Goで書かれたHashiCorpのツールである、terraform[注18]やOtto[注19]で使われています。

mitchellh/cliパッケージは、上述したcodegangsta/cliパッケージやspf13/cobraパッケージとは異なりサブコマンドをインターフェースとして定義します。このパッケージの詳しい使い方については次で解説を行います。

google/subcommands

google/subcommandsパッケージは本章で紹介するパッケージの中では最も新しいパッケージです。GitHub上ではGoogleのOrganization上にホストされていますが、現時点(2019年3月)では公式のプロジェクトではないとされています。

google/subcommandsパッケージはmitchellh/cliパッケージと同様にサブコマンドをインターフェースとして定義します。特徴的なのはGo1.7で標準に入ったcontextパッケージを使っていることでしょう。

注10) URL https://github.com/spf13/hugo
注11) URL https://github.com/spf13
注12) URL https://github.com/kubernetes/kubernetes
注13) URL https://github.com/derekparker/delve
注14) URL https://github.com/spf13
注15) URL http://docopt.org/
注16) URL https://www.hashicorp.com/
注17) URL https://github.com/mitchellh
注18) URL https://github.com/hashicorp/terraform
注19) URL https://github.com/hashicorp/otto

mitchellh/cliの使い方

mitchellh/cliパッケージの具体的な使い方を紹介します。ここでは例としてコマンドライン上でTODOを管理するtodoアプリを作成します。サブコマンドとしTODOを追加するaddというコマンドを持つとします。なお具体的なTODOアプリの機能の実装は省略し、パッケージの使い方のみを解説します。

サブコマンドの定義

mitchellh/cliパッケージはサブコマンドをインターフェースとして定義します。インターフェースの定義はリスト22のようになります。

まずSynopsisメソッドの簡単なコマンドの説明を返します。ヘルプメッセージ用に自動生成されるテンプレートのため50文字以下であることが望ましいでしょう。次にHelpメソッドはより詳細なヘルプメッセージを返します。コマンドの簡単な説明と使い方、そして利用可能なフラグの説明を書きます。そしてRunメソッドには実際のコマンドで行う処理を記述します。Runメソッドはユーザからの引数を受け取り、終了ステータスを返します。

リスト23のように記述してTODOアプリの

addコマンドを追加してみましょう(ここでは具体的なRunメソッドの実装は省略します)。

*AddCommand型はSynopsisメソッド、Helpメソッド、Runメソッドを定義した上で、Commandインターフェースを実装しているため、これらをサブコマンドとして扱うことができます。

サブコマンドを使う

main関数で定義したサブコマンドを利用するにはリスト24のように記述します。

*cli.CLI型の値をcli.NewCLI関数で生成し、そのフィールドに各種情報を登録していきます。サブコマンドはCommandsというフィールドにマップとして追加します。マップのキーはサブコマンドの呼び出しに使う名前、ここではaddで、キーに対応する値はcli.CommandFactory型の関数を指定します。作成した*cli.CLI型の変数cのRunメソッド呼び出すことでCLIツールのメインの処理を実行します。最後はRunメソッドが返す終了ステータスにもとづきコマンドを終了します。

なお、cli.CommandFactory型はリスト25のように定義された関数型です。

この関数はサブコマンドを定義したCommandインターフェースとエラーを返します。cli.CommandFactory型が関数であるため、AddCommand型などのサブコマンドを表す構造体

リスト22　サブコマンドのインターフェースの定義

```
// サブコマンドのインターフェースの定義
type Command interface {
    // 簡単なコマンドの説明を返す。50文字以下が望ましい
    // グローバルのヘルプメッセージの生成に使われる。e.g., todo -h
    Synopsis() string

    // 詳細なヘルプメッセージを返す
    // コマンドの簡単な説明 (e.g., 何をするためにコマンドなのか) と
    // 使い方、そしてフラグの説明をstringで返す
    // サブコマンドのヘルプメッセージの生成に使わる。e.g., todo -h add
    Help() string

    // 実際のコマンドの機能を記述する
    // 引数([]string)を受け取り終了ステータスを返す
    Run(args []string) int
}
```

リスト23　addコマンドの定義

```
// addコマンドの定義
type AddCommand struct {
    // ...
}

func (c *AddCommand) Synopsis() string {
    return "Add todo task to list"
}

func (c *AddCommand) Help() string {
    return "Usage: todo add [option]"
}

func (c *AddCommand) Run(args []string) int {
    // TODOを追加するコード
    return 0
}
```

のフィールドに任意の値を設定できます。cli. CommandFactory 型の関数は引数を持たないため、クロージャとして定義し、束縛された変数を用いてフィールドに値を設定することが多いでしょう。たとえば、AddCommand 型の Debug フィールドの値を設定したい場合は、リスト26のように記述することで実現できます。

これで簡単な todo アプリの雛形ができました。さらにコマンドを追加したい場合は同様に Commnad インターフェースを定義して、マップに登録します。

サブコマンドにフラグを持たせる

サブコマンドにもオプションを持たせたい場合があります。たとば上記の todo add コマンドに debug というオプションを追加するには（*AddCommand).Run メソッドの実装をリスト27のようにします。

フラグの定義は前節で紹介した方法と同じです。Run メソッドはサブコマンドの引数を[] string 型の値として受け取ることになっているため、それを用いて（*flag.FlagSet).Parse メソッドを呼びます。

リスト24　サブコマンドを利用する

```go
// AddCommandを使う
func main() {
  // CLI structを生成する。
  //以下ではこのstructに各設定を追7加していく
  c := cli.NewCLI("todo", "0.1.0")

  // ユーザの引数を登録する
  c.Args = os.Args[1:]

  // サブコマンドを登録する
  // mapとして登録する。mapのキーはサブコマンドの名前で値は
  // cli.CommandFactoryという関数である
  c.Commands = map[string]cli.CommandFactory{
    "add": func() (cli.Command, error) {
      return &AddCommand{}, nil
    },
  }

  // コマンドを実行する
  // 具体的にはサブコマンドで定義して`Run`が呼ばれる
  exitCode, err := c.Run()
  if err != nil {
    fmt.Printf("Failed to execute: %s\n", err.Error())
  }

  // サブコマンドの終了ステータスに基づきコマンドを終了する
  os.Exit(exitCode)
}
```

リスト25　cli.CommandFactoryの定義

```go
// cli.CommandFactoryの定義
type CommandFactory func() (Command, error)
```

リスト26　AddCommand型のDebugフィールドの値を設定する

```go
// クロージャで値をセットする
var debug = false // たとえばflag.Boolなどから設定する
c.Commands = map[string]cli.CommandFactory{
  "add": func() (cli.Command, error) {
  return &AddCommand{
    Debug: debug,
    }, nil
  },
}
```

リスト27　サブコマンドにフラグを持たせる

```go
// add コマンドにフラグを持たせる
func (c *AddCommand) Run(args []string) int {
  var debug bool

  flags := flag.NewFlagSet("add", flag.ContinueOnError)
  flags.BoolVar(&debug, "debug", false, "Run as DEBUG 7
mode")

  if err := flags.Parse(args); err != nil {
    return 1
  }

  // TODOを追加するコード

  return 0
}
```

4.5
使いやすく、メンテナンスしやすいツール
長く利用されるパッケージにするために

本章ではこれまでCLIツールを書くために必要な基本的なパッケージやテクニックを紹介してきました。これでアイデアさえあれば作りたいCLIツールを作り始めることができると思います。しかし、ユーザに使ってもらう長く開発を続けるツールにするには、とりあえず動くだけ十分ではありません。本節ではさらに一歩進んでユーザにとって「使いやすく」、開発者にとっては「メンテナンスしやすい」ツールを書くために筆者が実践していることを紹介します。

 ## 使いやすいツール

ここではユーザにとって使いやすいツールを書くために使えるテクニックを3つ紹介します。

終了ステータスコード

CLIツールはシェルスクリプトやMakefileから呼び出されることが多いでしょう。そのため、終了ステータスコードを意識しておくことは重要です。ステータスコードが0の場合は成功、0以外の値、つまりnon-zeroの場合はエラーが発生したと判別されます。たとえば、Makefileではnon-zeroでツールが終了すると即座に実行が中断されます。

Goで任意のステータスコードでプログラムを終了させるにはosパッケージのExit関数を使います。os.Exit関数のシグネチャはリスト28のように定義されています。

int型でステータスコードを与えると、そのステータスコードでシステムコールのexitが呼ばれプロセスは即座に終了します。

エラーごとにステータスコードが提供されているとより便利です。たとえば、シェルスクリプトなどで特定のエラーが発生した場合にそのあとの

処理を分岐したいことがあります。シェルスクリプトでエラーメッセージの文字列を解析するのは苦痛です。ステータスコードはシェル変数 $?(Windowsであれば%ERRORLEVEL%)でアクセスでき、簡単に分岐処理を記述できます。

筆者はステータスコードを定数として準備します。それにより定数の名前からステータスコードの意味が理解できるようになります。またテストの際の可読性も上がります。複数のステータスコードを準備する場合はリスト29のようにiotaを利用すると便利です。なお、iotaを利用して定義した場合は、順番が変わると値が変わってしまうため注意が必要です。

注意するべきこと

os.Exit関数を使う際に注意するべきこととしてdefer文があります。defer文はたとえばファ

リスト28　os.Exit関数のシグネチャ

```
// 与えられたステータスコードでプログラムを終了する
func Exit(code int)
```

リスト29　複数のステータスコードを準備する

```
// 複数のステータスコードを準備する
const (
    ExitCodeOK        int = iota // 0
    ExitCodeError                // 1
    ExitCodeFileError            // 2
)
```

イルを閉じるなどの後処理に利用されます。os.Exit関数はdefer文で呼び出した関数を実行しないで処理を終了してしまいます。たとえば、リスト30の場合defer文で呼び出した関数は実行されません。

さらにos.Exit関数をどこで呼ぶかにも注意が必要です。os.Exit関数がコードの至るところで呼ばれるとコードを追うのが大変になります。そのため、内部でos.Exit関数を呼んでいるlogパッケージのFatal関数の利用は避けるべきでしょう。log.Fatal関数はリスト31のように実装されています。

このように、パニックを発生させることを避けるように、os.Exit関数を複数の場所で呼ぶのは避けたほうが良いでしょう。

リスト30　defer文で呼び出した関数が実行されない

```
// defer文で呼び出した関数が実行されない例
func main() {
  defer func() {
    fmt.Println("defered")
  }()
  os.Exit(0)
}
```

リスト31　log.Fatalの実装

```
// log.Fatalの実装
func Fatal(v ...interface{}) {
  std.Output(2, fmt.Sprint(v...))
  os.Exit(1)
}
```

リスト32　Exit関数をmain関数のみで呼ぶ

```
// Exit関数をmain関数のみで呼ぶ
func main() {
  os.Exit(Run(os.Args))
}

func Run(args []string) int {
  // 主な処理
  return 0
}
```

リスト33　fmtパッケージの出力先を指定

```
fmt.Fprintln(os.Stdout, "stdout")
fmt.Fprintln(os.Stderr, "stderr")
```

リスト34　logパッケージの出力先を変える

```
// log パッケージの出力先を変える
log.SetOutput(os.Stdout) // default is stderr
```

筆者はos.Exit関数をmain関数だけで呼ぶようにしています。たとえば、リスト32のような骨格を毎回書きます。

たとえば、main関数に書くような主な処理はRun関数を定義してそこに記述します。Run関数はos.Exit関数を呼ぶのではなく、そのステータスコードを返します。

こうすることでdefer文で呼び出した関数が必ず実行され、かつコードの出口が1つになるため可読性も上がります。さらに後述するようにメインの処理Run関数のテストを簡単に書けるようになります。

標準出力と標準エラー出力

CLIツールはパイプでほかのCLIツールと連携して1つの大きな処理を行うといった使い方がされます。次のsortとuniqコマンドを使ったランキングの出力は典型的な例です。

```
$ ... | sort | uniq -c | sort -nr
```

パイプはファイルデスクリプタ1、つまり標準出力を次のコマンドのファイルデスクリプタ0、つまり標準入力につなげる処理です。特別な書き方をしない限り標準エラー出力は次のコマンドに渡されることはありません。CLIツールを書く際には、標準出力や標準エラー出力に何を出力しているのかを意識することは大切です。たとえば筆者はエラーメッセージは必ず標準エラー出力に出力するようにしています。

Goではos.Stdoutとos.Stderrで標準出力と標準エラー出力にアクセスできます。どちらもio.Writerインターフェースを実装しています。たとえば、入出力の基本となるfmtパッケージで定義されているFprint系の関数を使えば、リスト33のように出力先を明示的に指定できます。

logパッケージではデフォルトの出力先がos.Stderrに設定されています。これを標準出力に切り替え、パイプとして次段のコマンドに渡したい場合はリスト34のようにします。

flagパッケージでもエラーやヘルプメッセー

ジの出力先を変えるには**リスト35**のように記述します。

エラーメッセージ

どんなツールであってもエラーを避けることはできません。たとえば、APIを呼び出すコードであればネットワークが原因で処理を完了できないかもしれません。Goの場合はクロスコンパイルで複数のプラットフォームにツールを配布することがありますが、そのプラットフォームの特有の問題によりエラーが発生するかもしれません。CLIツールを書くときもエラーハンドリングは重要です。

そこで重要になるのは、エラーが発生したときに、その原因とそれを解決するためにどうするべきかをユーザに適切に提示できることです。Goでどのように実装すれば良いか順に説明していきましょう。

まず、Goにおける標準的なエラーハンドリングの方法について説明します。たとえば**リスト36**のように Setup という関数があるとします。

Setup 関数は ReadConf 関数を呼び、エラーが返されれば、そのエラーを Setup 関数の戻り値と

して返します。エラーでなければconfを使った処理を続行し、最終的に問題がなければnilを返します。エラーを値として返す、を連鎖的に記述していくことがGoのエラーハンドリングの基本です。

この連鎖が深くなると、どこでどのようなエラーが発生したかが分かりにくくなります。fmt.Errorf関数を使って具体的なエラーの状況を付加することでエラーの内容を分かりやすくできます。たとえば、前述の Setup 関数は**リスト37**のように書くことができます。

ReadConf関数で返ってくるエラーをそのまま Setup 関数のエラーとして返すのではなく、エラーの状況、この場合は「ファイルを読もうとしたこと」を付加します。こうすることで呼び出し元ではどこでどのようなエラーが発生したか分かりやすくなります。

ではCLIツールを書く場合には、エラーハンドリングでどのようなことを意識するべきでしょうか。パッケージを書く場合は前述したようにエラーを返すだけですが、CLIツールの場合はそれをメッセージとしてユーザに提示する必要があります。具体的にはmain関数や前述したRun関数でそれを行うことになります。

まず、**リスト38**で良くない例を見てみましょう。

これは極端な例で、良くない理由は明らかです。返ってきたエラーをそのまま出力しているため、ソースコードレベルでこのツールを理解しているユーザでなければ混乱してしまいます。

これを改良するには、まず同様にエラーの具体的な状況を fmt.Fprintf 関数などを使って付加

リスト35　flagパッケージの出力先を変える

```
flags := flag.NewFlagSet("", flag.ContinueOnError)
flags.SetOutput(os.Stdout) // default is stderr
```

リスト36　Goにおける標準的なエラーハンドリング

```
// Goにおける標準的なエラーハンドリング
func Setup() error {
  conf, err := ReadConf()
  if err != nil {
    return err
  }
  // ...
  return nil
}
```

リスト37　エラーに適切なコンテキストを付加する

```
// エラーに適切なコンテキストを付加する
func Setup() error {
  conf, err := ReadConf()
  if err != nil {
    return fmt.Errorf("failed to read configuration file: %s", err)
  }
  // ...
  return nil
}
```

リスト38　良くないエラーハンドリング

```
// 良くないエラーハンドリングの例
func Run(args []string) int {
  // ...
  if err := Setup(); err != nil {
    fmt.Fprintln(os.Stderr, err)
    return 1
  }
  // ...
  return 0
}
```

します。たとえば、上の例の場合は、Setup関数を呼び出したことを出力するようにします。さらにこのエラーを解決するためにユーザが何をするべきかを伝えることができるとより便利なツールであるといえます。たとえば、必要なファイルを準備すること、APIトークンを環境変数にセットすること、といった具体的な指示を与えると良いでしょう。

メンテナンスしやすいツール

最後に開発者にとってメンテナンスしやすいCLIツールを書く方法について説明します。メンテナンスしやすいツールとは何でしょうか。人によって定義は異なるかもしれませんが、筆者は、コードが役割ごとに分割されており、かつテストがしっかり書かれているツールはメンテナンスがしやすいと考えています。

GoのCLIツールのテスト技法

ここではGoでCLIツールを書く際に使えるテスト手法について解説します。Table Driven Testsなどのより一般的なGoのテスト技法については第6章の「Goのテストに関するツールセット」を参考にしてください。

CLIツールの特有のテストはユーザと入出力のやりとりをする部分です。たとえば、次のようなテストが挙げられます。

・期待するステータスコードで終了したか
・期待するメッセージを出力したか

ここでは、簡単な例としてgobookというコマンドラインツールを書き、そのテストを書くとします。たとえばgobookコマンドは-versionというオプションを与えると標準出力に次のような終了ステータスコードと出力メッセージが得られるとします。

```
$ gobook -verion
gbook version v1.0.0
$ echo $?
0
```

このようなテストを書くとき最も単純な手法として、事前にバイナリを作成しexecパッケージでそれを実行する方法が考えられます。しかし、普通の関数と同じようにテストできればコードの記述量や事前にやるべきことを減らすことができメンテンスはしやすくなるでしょう。

前項ではdefer文で呼び出された関数が必ず実行され、終了ステータスコードをコントロールする手法としてmain関数とRun関数を定義する手法を紹介しました。この手法を使うとCLIツールのテストを通常の関数のテストと同じように書くことができるようになります。次にこの手法を前提としてテストを書く方法をいくつか見ていきましょう。

ステータスコードのテスト

-versionフラグを受け取った際にステータスコードを0で返しているかをテストする場合、リスト39のように記述できます。

Run関数は通常[]string型のos.Argsを引数として受け取ります。そのため、strings.Split関数を使って実際のユーザの入力の形式、つまり、gobook -versionからos.Argsと同じような値を作ることができます。また、こう書くことで、何のためのテストを行っているのかが明確になります。

CLIツールが期待したステータスコードで終了したどうかをテストした場合、単にRun関数を呼び、期待する値と比較するだけテストができます。ステータスコードを紹介したようにconstを使い名前付き定数として定義しておくとテストの可読性も上がります。

出力メッセージのテスト

出力メッセージをテストするためには、標準出力と標準エラー出力の「出力先」を切り替え可能に

する必要があります。たとえば、main関数とRun関数をリスト40のように書き直してみましょう。

CLIという構造体型を定義します。そのフィールドにoutStreamとerrStreamというio.Writer型のフィールドを定義します。それぞれ標準出力と標準エラー出力の役割を持たせます。たとえば、エラーを出力したい場合は前述したようにfmt.Fprintf関数を使ってerrStreamフィールドにメッセージを書き出します。

また、Run関数をCLIのメソッドとして定義することで、レシーバを通してio.Writerにアクセスできるようになり、Runメソッドのメッセージの出力先を切り替えられるようになります。main関数ではoutStreamに、errStreamにはそれぞれos.Stdoutとos.Stderrをセットします。これで通常のCLIツールの実行時には標準出力と標準エラー出力にメッセージが出力されるようになります。

-versionフラグを受け取った際に期待したメッセージが出力されるかどうかをテストしたい場合、リスト41のように記述します。

io.Writer型のoutStreamとerrStreamに、io.Writerインターフェースを実装する*bytes.Buffer型の値を設定します。そうすることでRunの出力はメモリのバッファになります。そしてRun関数の実行後に出力されたメッセージをバッファから取り出すことができるようになります。-versionフラグの出力先に期待するのは標準出力であるため、実行後にoutStreamから*bytes.Buffer型のStringメソッドを使って出力されたメッセージを取り出しすことができます。前述の例では、Stringメソッドから得た値を期待するexpectedであるか比較しています。

まとめ

本章ではGoを使ったCLIツールの作り方について解説しました。基本的なパッケージの使い方から、CLIのテスト技法、そして細かなTipsまで紹介してきました。GoはCLIツールを簡単に書くことができます。もし今まで一度も書いたことがなければ、ぜひ本章を入り口として書き始めてみてください。もしすでに書いたことがあるならば、ここで紹介したテクニックが活用できないかコードを見直してみてください。本章がCLIツールの改善のきっかけになれば幸いです。

リスト39　ステータスコードのテスト

```go
// ステータスコードのテスト
func TestRun(t *testing.T) {
  // 実際のコマンドの入力形式からRun関数の引数をつくる
  args := strings.Split("gobook -version", " ")

  if status := Run(args); status != ExitCodeOK {
    t.Errorf("expected %d to eq %d", status, ExitCodeOK)
  }
}
```

リスト40　出力先の切り替え

```go
// 出力メッセージをテストするための準備
func main() {
  cli := &CLI{outStream: os.Stdout, errStream: s.Stderr}
  os.Exit(cli.Run(os.Args))
}


type CLI struct {
  outStream, errStream io.Writer
}


// 引数処理を含めた具体的な処理
func (c *CLI) Run(args []string) int {
  // ...
  fmt.Fprintf(c.errStream, "gobook version %s \n",
Version)
  // ...
}
```

リスト41　メッセージが出力されるかテストする

```go
func TestRun(t *testing.T) {
  outStream, errStream := new(bytes.Buffer), new(bytes.Buffer)
  cli := &CLI{outStream: outStream, errStream:
errStream}
  args := strings.Split("gobook -version", " ")

  cli.Run(args)
  expected := fmt.Sprintf("gobook version %s", Version)
  if !strings.Contains(outStream.String(), expected) {
    t.Errorf("expected %q to eq %q", outStream.String(), expected)
  }
}
```

第 5 章
The Dark Arts Of Reflection
不可能を可能にする黒魔術

本章ではGoの通常の書き方では対応できない、値の内容を検査することによってプログラムの動作を動的に変更する方法について解説します。静的型付け言語であるGoは型をコンパイル時に強制的に検査でき、それが強みの1つですが、時と場合によってはコンパイル時で判断できない処理を動的に決定する必要が出てきます。

reflectパッケージを通してGoではどこまで動的に操作可能なのか、それをしたときにどのような副作用があるのかを解説します。このような操作をしないに超したことはないですが、必要なときにはこの手法を知っていると不可能を可能にできます。

牧 大輔(MAKI Daisuke)
株式会社メルカリ (Mercari, Inc.)
Twitter：@lestrrat
GitHub：lestrrat
Blog：http://lestrrat.github.io

5.1
動的な型の判別
実行時まで型の判別を待つには

Goは型を宣言しないとコンパイルさえできないタイプの言語です。しかしこのような言語においても型を前もって予測することは困難なケースも存在します。そのようなケース例と、その際に利用できる基本的な書き方を紹介します。

 ## 型の検出と型アサーションの限界

Goは型を持つ言語です。変数や関数の宣言には必ず型を指定する必要がありますし、基本的に常にどのような種別のデータを扱っているか分かっている状態でコードを書くように期待されています。これを守らないとコンパイルすらできなくなります。

Perl/Ruby/Python/PHPのような型を明示する必要のない言語からGoに入った方は、最初これに慣れる必要があります。これらの言語では基本的に該当する行が実行されるまでデータ型の不整合は検知されませんし、また可能な限り柔軟に対応をランタイム側でしてくれます。最初はこの部分が煩雑に感じることもありますが、慣れるとこれがGoを使うメリットの1つとなります。

しかしまれに動的に型を判別しなければいけない場面に遭遇します。ユーザの入力した値やソケット・ファイルなどから読み込んだ値に対して動的に処理方法を変えなければいけないときなどがそれです。

たとえばユーザから与えられた任意の値をバリデートする関数があったとします。その際はユーザが与えてくるすべての値に対応せざるを得ないので、関数は以下のようになります。

```
func Validate(x interface{}) error {
    // x に対するバリデーションを行い、
    // 問題があればエラーを返す
}
```

この関数を利用する側では以下のようにxに対してさまざまな値を渡すことになります。

```
Validate(1)
Validate("foo")
Validate(map[string]int{ "foo": 1 })
```

これらのまったく違う型を扱うには、与えられた引数をinterface{}型から具体的な型に落とし込む必要があります。これを行うためにGoでは型アサーションという概念があり、任意のインターフェース型の実体がアサーションする型として扱うことができるかどうかを確認する方法があります。

以下の例では、*os.Fileをinterface{}な引数として期待する関数に渡し、その中でその引数の型をinterface{}から*os.Fileに「変換」しています。

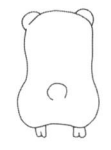

```
f, _ := os.Open("file.txt")
HandleData(f)

func HandleData(x interface{}) {
  // 型アサーション
  f := x.(*os.File)
  // "file is file.txt"
  fmt.Println("file is " + f.Name())

  // 以下のようにos.Fileが満たすinterfaceへの
  // 型アサーションも可能
  // x.(io.Reader)
  // x.(io.Writer)
  // x.(io.Closer)
}
```

　この形の型アサーションの問題はアサーションする型が実体の型と合わない場合は`panic`が発生してしまうことです。型アサーションが成立する場合はそれを行う、という形のコードにするには以下のように戻り値が2つある形の型アサーションを行います。

```
func HandleData(x interface{}) {
  f, ok := x.(*os.File)
  if ok {
    fmt.Println("file is " + f.Name())
    // "file is file.txt"
  }
}
```

　この型アサーションを使えば普通のGoコードを書くことで以下のように値の型によって条件分岐ができます。

```
func HandleData(x interface{}) {
  switch x.(type) {
  case int:
    // HandleData(1)のケース
    ...
  case string:
    // HandleData("foo")のケース
    ...
  case map[string]int:
    // HandleData(map[string]int{"foo": 1})のケース
    ...
  default:
    // 上記以外の型のケース
    ...
  }
}
```

　このように型アサーションを利用することによって分かりやすい形で任意の値の型ごとに動作を変えることはできますが、この手法には欠点があります。まず型アサーションではアサーションする型名を事前に知っておく必要があるので選択肢が限定されている必要があります。そしてもう1つはアサーションに利用する型は完全な型でないといけないことです。

　たとえば「キー・値の型がなんであっても、それがmapだったら...」という処理を入れたい場合はどうでしょう。型スイッチの`case`文に記載できるのは完全な型のみですが、`map`の場合キーの型と値の型両方がなければ完全な型にはなりません。ですので以下のような型アサーションを書くことはできません。

```
func HandleData(x interface{}) {
  switch x.(type) {
  case map: // mapだけでは不完全な型なのでコンパイルエラー
    ...
  }
}
```

　このような静的に型情報を指定することが難しい場面では、Goで扱われる値・型の構造を動的に調べたり操作したりできる`reflect`パッケージを用います。

5.2
reflect パッケージ
型情報の所得と操作

前節で示したような、事前にinterface{}型の引数に渡される可能性のある型をすべてを予想できなかったり、「すべてのmap型」のような合成される前提の型の検出は型アサーションだけでは足りない場合に便利なパッケージがreflectパッケージです。

reflectパッケージを使うとコンパイル時に型情報が分からなくとも汎用的なコードを書くことができるようになります。

reflectを使わなければいけない場面は決して多くありませんが、使う必要がある状態では不可欠なツールとなります。

reflectパッケージを使って得られる情報

reflectとはその名の通り、GoでReflection機能を提供するためのパッケージです。このパッケージが提供するさまざまな関数を使えば、任意の値の具体的な型が分からなくともその値に関するほぼすべての情報を動的に得られます。

以下のPoint型、および値pが存在すると仮定します。

```go
type Point struct {
  X int
  Y int
}

p := &Point{X: 10, Y: 5}
```

reflectを用いると以下のようにreflect.ValueOfでpのValueを取ることにより、型情報や格納されている値などを得ることができます。以下の例では名前空間付きの型名、格納リソース種別、そしてinterface{}としての実際の値を取得しています。

```go
rv := reflect.ValueOf(p)
fmt.Printf("rv.Type = %v\n", rv.Type())
fmt.Printf("rv.Kind = %v\n", rv.Kind())
fmt.Printf("rv.Interface = %v\n", rv.Interface())
```

上記を実行すると以下のような出力が得られます。それぞれ名前空間付きの型名、格納リソース種別、そしてinterface{}としての実際の値を取得しています。

```
rv.Type = *main.Point
rv.Kind = ptr
rv.Interface = &{10 5}
```

pは構造体ですから、さらにp内のXとY要素を取得し変更することもできます。以下の例ではrv内のX要素を取り出し、現在の整数値を取得したあと、100という新しい値を代入しています。

```go
xv := rv.Field(0)
fmt.Printf("xv = %d\n", xv.Int())
xv.SetInt(100)
fmt.Printf("xv (after SetInt) = %d\n", xv.Int())
```

上記を実行すると以下のような出力を得られます。interface{}としての値を見ればreflectを通してstructの要素の値が更新されているのが分かります。

```
xv = 10
xv (after SetInt) = &{100 5}
```

このように、事前（コンパイル時）に型情報がなくともさまざまな操作を可能にしてくれるのがreflectパッケージです。

ただしreflectはPerl/Ruby/Pythonなどのほかの言語と比べた場合、型情報を動的に変更・追加することはできないことにご注意ください。Meta Object Protocol[注1]のようにクラスにメソッドを追加するようなことはできません。

reflect.Value

reflectを使って行う操作はreflect.Value型を通すのが基本です。

reflect.Value の値は reflect.ValueOf 関数によって得られます。

```
rv1 := reflect.ValueOf(1)
rv2 := reflect.ValueOf("Hello, World")
rv3 := reflect.ValueOf([]byte{0xa,0xd})
rv4 := reflect.ValueOf(make(chan struct{}))
```

reflect.Value型に格納されている値は実行時まで判別できません。その代わり、格納されている値にかかわらず、任意のreflect.ValueはGoで表すことのできるすべての値の操作を可能にするためのAPIがそろっています。

例えば格納されている整数値に得るためのIntメソッドは、上記のrv1からrv4までのすべての値に対して実行を試みることは可能ですが、rv1以外は実際には整数を格納していませんので、不正な処理とみなされpanicが起こります。

```
rv1.Int() // OK (1)
rv2.Int() // panic
rv3.Int() // panic
rv4.Int() // panic
```

同様に reflect.Str、reflect.Map、

注1）**URL** https://ja.wikipedia.org/wiki/メタクラス

reflect.Chan、reflect.Funcなど、それぞれの型によって有効・無効なメソッドがあります。以下のようにmapをreflect.Valueでラップしたものを扱う場合、MapIndex、SetMapIndexメソッドは適用できますが、上記のIntメソッドを利用しようとするとpanicを起こします。

```
rv := reflect.ValueOf(map[string]int{"foo": 1})
value := rv.MapIndex(reflect.ValueOf("foo"))
// reflect.ValueOf(1)が返ってくる
rv.SetMapIndex(reflect.ValueOf("foo"), reflect.ValueOf(2))
// "foo": 2と代入

rv.Int() // panicを起こす
```

このようにpanicが起こりうるため、reflect.ValueOfに対するメソッド呼び出しは、それが不正な呼び出しかどうか事前に確認する必要があります。

任意の値から整数を得たい場合は、格納されている値が整数かどうかを以下のように確認する必要があります。

```
var num int64
if rv1.Kind() == reflect.Int {
  num = rv1.Int()
}
```

なお整数の型に関しては、厳密にはInt以外にもInt8、Int16、Int32、Int64などがありますので、それらにも対処する必要があるかもしれません（その場合はrv1.Kind()を対象にswitch文を書くと良いでしょう）。

JavaなどのReflection APIやLISPなどのMeta Object Protocolに慣れている方は、Goのreflectはそれらと基本的な部分で1つ違うことにご注意ください。ほかの言語では**クラスの概念**があり、それらを名前から解決してreflect.Valueやreflect.Typeに相当する値を取得できますが、Goでは必ず有効な値からそれらを得る必要があるのです。

```
// これは存在しない
reflect.Type("MyType")

// 必ずこのように値から取得する
reflect.TypeOf(MyType{})
```

これはGoではコンパイル時にインポートが必

要な外部ライブラリを前もってすべて解決してお
く必要があるため、動的に型を名前から解決する
ことが難しいからだと想像されます。

　値を作成した上で reflect を使えば、コンパイ
ラが必ず指定された型情報がインポートされてい
るかどうかの確認をしてくれますので、型名から
の解決を reflect API内で行う必要がなくなり
ます。最初は型名からの解決ができないことに違
和感があるかもしれませんが、後述するゼロ値な
どをうまく使うことにより回避できますので、現
実的にはそれほど問題にはなりません。

型により動作を変える

　reflect を使って引数の型を動的に判別する必
要がある具体的な例としては "encoding/json".
MarshalJSON 関数があります。この関数ではユー
ザから与えられる型に対して動作を変えるのでど
うやってもコンパイル時に型を指定した書き方を
することはできません。

　ここからは encoding/json のように任意の型
の引数を受け取る Marshal 関数を実装するときに
どのように reflcet パッケージを使うのかを解説
しながら reflect の基本機能を紹介します。

　今回は例を簡単にするために、Marshal 関数の
引数は struct か map 型のみとし、それ以外の型
にはエラーを返すようにします。この処理は以下
のようなコードで実装できます。

```go
func Marshal(v interface{}) ([]byte, error) {
  rv := reflect.ValueOf(v)
  switch rv.Kind() {
  case reflect.Map:
    // map用のコード
  case reflect.Struct:
    // struct用のコード
  default:
    // それ以外の場合はエラー
    return nil, errors.New("unsupported type (" + ↗
rv.Type().String() + ")")
  }
  ...
}
```

　Marshal 関数は前もってどのような型を受け取
るか分からないので、引数の型は interface{}

として指定されています。この型を判別するため
に reflect.ValueOf を使い、reflect.Value 型
の値を取得します。

　ここで使っている Kind とは基礎型と呼ばれる
ものです。すべての型はなんらかの基礎型を使っ
て作られますので、型によって大まかに動作を分
ける場合に使います。上記コードでは Kind が map
と struct でそれぞれ別の処理を行い、それ以外
の場合はエラーを返します。

map の場合の処理

　基礎型が map だと分かってもキーと値がそれぞ
れどのような型を持つのかはまだ分かりませんの
で、型アサーションによる変換はできません。

```go
// v のキーと値の型がそれぞれ分かっていれば
// 以下のように変換を指定できる
m, ok := v.(map[string]string)
```

　ですので、この map の内容について操作するに
もやはり reflect を使う必要があります。以下で
はキーの型が string 以外だった場合はエラーを
返す例を示しています。

```go
keyType := rv.Type().Key()
if keyType.Kind() == reflect.String {
  // 該当mapのキーの型はstringだと判明
  // そのように処理を続ける
  ...
} else {
  // それ以外はエラー
  return errors.New(`expected map with string key`)
}
```

　ここまでくれば rv の各要素をループしつつ、
キーはすべて文字列であることが保証されていま
すので、そのように処理を続けられます。もちろ
ん必要であれば値のほうの型も確認するべきで
す。以下では、キーは string 型ですが、値はそ
の型によってさらに分岐する処理があると仮定し
た上で map に格納されている各要素を処理してい
る例です

```
iter := rv.MapRange()
for iter.Next() {
  key := iter.Key().String()
  switch mapv := iter.Value(); mapv.Kind() {
  case reflect.String:
    value := iter.Value().String()
    ... // valueが文字列だった場合の処理
  case reflect.Int:
    value := iter.Value().Int()
    ... // valueが整数だった場合の処理
  }
}
```

structの場合の処理

得られた値がstructの場合、structに定義された要素を取得するには配列を操作するように、n番目のstruct要素を指定して操作します。

```
rv := reflect.ValueOf(structValue)
rt := rv.Type()
for i := 0; i < rt.NumField(); i++ {
  ftv := rt.Field(i)
  // ftvはreflect.StructField型
  // このフィールドについての型情報を得る
  fv  := rv.Field(i)
  // ftvはreflect.Value型
  // このフィールドに格納されている値
  ...
}
```

このようにすると構造体の内容を知らずともすべての要素を取得できます。なお、上記では構造体の型rtから要素の型ftvを取得していますが、fv.Type()で同じ値を得ることができます。

 ## reflect.Type

reflect.ValueはGoの値を操作するためのツールであるのに対して、前項に登場したreflect.Typeは型情報を扱うのに使われます。

reflect.Typeとreflect.Valueはとても関連性が深いため一部APIが似ていますが、同名でもreflect.Valueのメソッドとは戻り値が違う場合がありますのでご注意ください。

たとえばMethodは、reflect.Typeではreflect.Methodを返しますが、reflect.Valueの場合はreflect.Valueを返します。reflect.Methodはメソッドに関する情報を格納しているのでこれを使えばメソッド名などの解決ができま

すが、それを使ってメソッドを実行することはできません。reflect.Valueであればメソッドの値そのものですので実行もできます。

このようにreflect.Typeとreflect.Valueでは利用目的が違います。コードの解析などに使うのであれば多分reflect.Typeを使うでしょうし、動的にその値を操作したいのであればreflect.Valueを使うでしょう。

 ## structをパースする

encoding/jsonなどではstruct tagと呼ばれる、データ変換時のヒントなるアノテーションをstructフィールドごとに付与できるようになっています。このアノテーションはreflectを使うことによって構造体から取得できます。

encoding/jsonでは以下のように構造体の値がゼロ値だった場合の挙動や、JSONオブジェクトに変換された際のキー名をstruct tagで指定できます。

```
type Point struct {
  X int `json:"x,omitempty"`
  Y int `json:"y,omitempty"`
}

// json.Marshal(Point{X: 10, Y:0}) → `x=10`となる
```

これらのタグをstructから抽出するには対象構造体のreflect.Typeを得てから、該当型のreflect.StructFieldを列挙し、そこからreflect.StructTagを抽出します。

```
t := reflect.TypeOf(Point{ ... })
for i := 0; i < t.NumField(); i++ {
  f := t.Field(i)
  if f.PkgPath != "" {
    // If PkgPath is non empty,
    // then it's an unexported field
    continue
  }

  tag := f.Tag.Get("json")
  // tagはstringなので、これに対して好きな操作を行う
}
```

reflect.StructTagはただの文字列なのですが、Lookupメソッドを使うことにより該当文字

第5章 **The Dark Arts Of Reflection**
不可能を可能にする黒魔術

列の中に存在するキーに対応する値を抽出できます。上記のPoint型の場合、XとYそれぞれに対して"x,omitempty"と"y,omitempty"という文字列を取り出すことができるわけです。

```
// タグの処理イメージ
// 実際のコードはもう少し複雑な処理をしている
if v, ok := f.Tag.Lookup("json"); ok {
  parts := strings.Split(v, ",", 3); ok
  // url encodeした際のフィールド名
  // 値がゼロ値だった場合の挙動
  // ヒント
  name := parts[0]
  omitempty := parts[1] // "omitempty" か ""
  hint := parts[2]
}
```

5.3
reflectの利用例
ハマらないためのレシピ集

一口にreflectと言ってもその用途は多岐に渡っていますので、なかなか全体を体系的に説明することは困難です。そこでこれ以降はreflectを使ったtipsやレシピなどを並べていきます。reflectでできることはたいへん多いので、そのうちいくつかハマってしまいがちな部分を重点的に抜き出します。

値を動的に生成する

reflectを使って値を動的に生成することもできます。ただし値を生成するためには該当するreflect.Typeが前もって必要となります。つまり以下のPerlとRubyの例のようにクラスの名前だけからコンストラクタを呼び出したり、動的にクラスの定義をするようなコードは書けません。

Perl

```perl
# Perlで動的に与えられた$klass_nameから
# オブジェクトを作るコード
sub instantiate {
  my ($klass_name, @args) = @_;
  return $klass_name->new(@args);
}
```

Ruby

```ruby
# Rubyで動的にクラスおよびオブジェクトを生成するコード
dynamic_class = Class.new do
  def method
    ...
  end
end
dynamic_class.new(...)
```

Goではまずその値を一度作り、そこからreflect.ValueOfないしreflect.TypeOfで型情報を得る必要があります。あまり現実的ではありませんが、たとえばtime.Time{}型の値をreflectを使って新規に生成するには以下のよう

にします。

```go
var timeT = reflect.TypeOf(time.Time{})

func MakeTime() *time.Time {
  rv := reflect.New(timeT)
  return rv.Interface().(*time.Time)
}
```

上記の例ではreflect.NewがtimeT型の値を生成しています。このとき生成される値はtimeTのゼロ値ですので、上記のコードは以下と同等です。

```go
t := time.Time{}
```

struct以外にも値となり得るもの（func、map、slice、chanなど）であればほぼ同様の形で生成できます。

```go
f := reflect.MakeFunc(funcT, funcBody)
m := reflect.MakeMap(mapT)
s := reflect.MakeSlice(sliceT, len, cap)
c := reflect.MakeChan(chanT, buffer)
```

Goの上に別言語のランタイムを作るような場合は、このような動的な値の生成はきっと便利なはずです。

Go 1.7以降では無名なstructをreflectを使って動的に宣言することもできます。reflect.StructOfを利用すれば以下のように無名struct型を作成できます。

```
rt := reflect.StructOf([]reflect.StructField{
  {Name: "Number", Type: reflect.TypeOf(0)},
  // 整数型
  {Type: "Str", Type: reflect.TypeOf("")},
  // 文字列型
})

rv := reflect.New(rt)
```

使い道は限られてきますが、動的にstructを作成しなければならないときに重宝するはずです。

見える範囲・見えない範囲

Goではパッケージ外からデータのアクセスが可能かどうかをそれぞれの名前で制御します。

たとえば以下の**Person**型では**Name**と**Age**は大文字で始まっているので**Person**が定義されているパッケージ外からでもそれぞれの要素にアクセスできます。

```
package myapp

type Person struct {
  Name string
  Age  int
}

package main

p := myapp.Person{}
fmt.Println(p.Name)
```

これをそれぞれの要素が小文字で始まるように変えるとパッケージ外からはアクセスできなくなります。

```
package myapp

type Person struct {
  name string
  age  int
}

package main

p := myapp.Person{}
fmt.Println(p.name) // コンパイルできない
```

reflectにとっては**reflect**パッケージ外のコードはすべて別パッケージなので、同様にエクスポートされている定義しか扱えないというルールが適用されます。厳密にはエクスポートされていない要素でもその存在を知ることやそのメタ

データを取得できますが、それらに対して値を得たり、代入したりする操作はできません。

以下のコードでは**Person**型の値の要素を1つずつ取得し、その型と値を出力します。

```
p := Person{}
rt := reflect.TypeOf(p)
rv := reflect.ValueOf(p)
for i := 0; i < rv.NumFields(); i++ {
  ft := rt.Field(i)
  // i-th目の要素の型 (reflect.StructField)
  fv := rv.Field(i)
  // i-th目の要素の値 (reflect.Value)
  fmt.Printf("ft(i) -> %#v\n", i, ft)
  fmt.Printf("fv(i) -> %#v\n", i, fv.Interface())
}
```

このコードは**Person**型の要素がエクスポートされている状態であれば問題なく動作しますが、エクスポートされていない要素がある場合は以下のようなパニックが発生してしまいます。

```
panic: reflect.Value.Interface: cannot return value o⼐
btained from unexported field or method
```

これを回避するには**reflect.StructField**型内に定義されている**PkgPath**要素を確認します。**PkgPath**が空であればそれはエクスポートされている要素であり、エクスポートされていない場合は**struct**の定義されたパッケージ名が格納されています。よって、上記のコードを以下のように変更すればパニックを回避できるようになります。

```
if ft.PkgPath == "" {
  fmt.Printf("ft(i) -> %#v\n", i, ft)
  fmt.Printf("fv(i) -> %#v\n", i, fv.Interface())
}
```

struct要素と同様に型に紐付けられたメソッドも同じように**NumMethod**や**Method**を使って取得できます。メソッドに関してはレシーバーの型によって得られるメソッドリストが違うので注意が必要です。

```
// レシーバーがポインタ
func (d *Data) PtrFoo() string {
  ...
}

// レシーバーが実体
func (d Data) Foo() string {
  ...
}
```

上記のように特定の型に対してその型に対するポインタを受け取るメソッドとそうでないメソッドがあった場合、以下のコードのように`Method`メソッドから返ってくる値が違ってきます。

```
val := reflect.TypeOf(Data{})
fmt.Printf("Name = %s\n", val.Method(0).Name)
// Foo

val  = reflect.TypeOf(&Data{})
fmt.Printf("Name = %s\n", val.Method(0).Name)
// PtrFoo
```

ポインタと interfaceの値

任意の型へのポインタが渡ってきた場合、ついその型に対する操作をしてしまいがちですが、ポインタは`reflect.Ptr`という種別の型ですのでそのまま操作することはできません。必ず1回ポインタが指している先の構造体の値を取得してから操作を続行しましょう。たとえば以下のようにすると、structかstructへのポインタどちらにでも対応できるようになります。

```
rv := reflect.ValueOf(x)
if rv.Kind() == reflect.Ptr {
  rv = rv.Elem()
  // ポインタが指している先の値を得る
}
// rvに対する操作…
```

同様にinterfaceの場合も、そのinterfaceの実体を参照しないといけませんので`Elem`を使用する必要があります。

```
rv := reflect.ValueOf(x)
if rv.Kind() == reflect.Interface {
  rv = rv.Elem()
  // interfaceが指している先の値を得る
}
// rvに対する操作…
```

なおポインタとinterfaceどちらも対応するような場合は以下のようなコードで対処できます。

```
rv := reflect.ValueOf(x)
switch rv.Kind() {
case reflect.Interface, reflect.Ptr {
  rv = rv.Elem()
}
// rvに対する操作…
```

よくよく考えてみれば `*Foo` と `Foo` に対する操作が違うのは当たり前ですが、`reflect`を使っているときにはこの操作を忘れがちですので、忘れないように対処しましょう。

Setできる値

`reflect.ValueOf`は与えられた値のコピーに対して操作を行うため、あまり考えずに`reflect.Value`に値を代入したいと考えると失敗してしまいます。たとえば以下のコードはパニックを起こして終了してしまいます。

```
p := Point{X:10, Y:5}
rv := reflect.ValueOf(p)
rv.Field(0).SetInt(100)
```

これは`reflect.ValueOf`に渡された値がpへのポインタではなくpそのものだからです。`rv`にはpのコピーが格納されていますので、`rv`およびそれに紐づく値に対する代入操作はコピーに対しての操作となり、元のpに対しては何も影響がありません。これを許してしまうと何時間も無駄な時間を費やしてしまう人が増えるのでこの操作はエラーになるように作られています。

以下のように`reflect`を使うコードでは、本当に何も確認しなくて良いと分かっているまれな状況以外は必ず`CanSet`メソッドで`Set`系のメソッド呼び出しが許可されている値なのかを事前に確認しましょう。

```
p := Point{X:10, Y:5}
rv := reflect.ValueOf(p)
if !rv.Field(0).CanSet() {
  // エラー処理
}
rv.Field(0).SetInt(100)
```

ですがこれでもまだSetIntを呼んだ時点でパニックが起こります。なぜかというと、そもそもreflect.ValueOfに渡された値がポインタ（参照）渡しではなく、実体を渡されているからです。つまり上記のrvはpへの参照を持っているのではなく、pのコピーを持っており、いくらrvに値を代入する指令を出してもpへのコピーにしか影響をおよぼせません。これをパニックを起こさずに動作させてしまうと値が代入できたかどうか見逃してしまうので、明示的にパニックを起こすようになっているのです。

ではどうすれば値を代入できるようになるのでしょうか。これはreflect.ValueOfで操作する値を与えるときにpへのポインタを渡せば良いのです。

```
p := Point{X:10, Y:5}
rv := reflect.ValueOf(&p)
if f := rv.Field(0); f.CanSet() {
    f.SetInt(100)
}
```

これでXの値が無事100に設定されました。

構造体が入れ子になっている場合はreflect.ValueOfに渡す入れ子の一番おおもとの構造体がポインタとなっていれば、入れ子の構造体にも代入操作ができるようになります。

reflectでinterfaceを満たしているかどうかの確認

通常ある値が任意のinterfaceを満たしているかどうかはコンパイル時に解決されます。

```
func ReadData(rdr io.Reader) error {
    ...
}

ReadData(1)
// 1はio.Readerではないのでコンパイル不可
ReadData(os.Stdin)
// os.Stdinはio.Readerを満たすのでコンパイル可能
```

ではこれをreflectを利用している状態で動的に検知するにはどうすれば良いでしょうか。ある型が任意のinterfaceを満たしているかどうかをreflectから確認するには、reflect.Typeの

Implementsメソッドを使うことでできます。

```
rv := reflect.ValueOf(v)
iv := reflect.TypeOf(interfaceType)
if rv.Type().Implements(iv) {
    // interfaceを満たしている場合…
}
```

このようにinterfaceを満たしているか確認するための処理は提供されているのですが、1つ難しいのはreflect.TypeOfに渡すreflect.Typeの値を準備する部分です。

たとえばio.Reader型を必要とするシチュエーションがあったとします。一番簡単な方法は以下のように実際にio.Readerとして定義されている値を利用してreflect.Typeの値を作ることです。

```
rv := reflect.ValueOf(v)
iv := reflect.TypeOf(os.Stdin)
  // os.Stdinはio.Readerとして定義されている
if rv.Type().Implments(iv) {
    // io.Readerを満たしている
}
```

この例のio.Readerは比較的簡単に該当する値を持ってくることができますが、自分で定義したinterfaceがいくつかあるような場合は該当する値を前もって作成する必要があり、煩雑になってします。

io.Readerを満たす値を作らずにreflect.Typeを作成できるしょうか。空の値を宣言してそれをreflect.TypeOfに渡すことができればなんとかできるかもしれません。以下の例では空のio.Readerであるrdrを使ってreflect.Typeを作成しています。

```
var rdr io.Reader
  // 空のio.Reader型の値
iv := reflect.TypeOf(rdr)
  // …からreflect.Typeを作成

rv := reflect.ValueOf(v)
if rv.Type().Implments(iv) {
    // io.Readerを満たしている？
}
```

ところがこれを実行するとpanicが起こります。いったいどういうことでしょう。実はreflect.TypeOfに単純にnilな値を渡すとnilなreflect.TypeOfを返してくるのです。

Implementsはnilは受け付けませんので、結果panicとなります。

これを回避する方法は先に書いたとおり有効な値(例ではos.Stdinのようなもの)を渡すか、以下のような少し謎めいた宣言をする必要があります。

```
var rdr io.Reader
ptrT := reflect.TypeOf(&rdr)
T := ptrT.Elem()
if rv.Type().Implements(T) {
  // io.Readerを満たしている
}
```

ここではまず「interfaceへのポインタ(ただし、その値はnil)」をreflect.TypeOfに渡します。ポインタ型の場合はたとえ値がnilであっても問題なくそのポインタ型についてのreflect.Typeが返ってくるのです! そしてそのポインタ型に格納されている実際の値を取得します(*io.Reader → io.Reader)。

これでようやくわざわざ有効な値を用意しなくともImplementsに渡す値を用意できました。なおこれを1行で宣言したい場合は以下の方法でできます。

```
var T = reflect.TypeOf((*io.Reader)(nil)).Elem()
```

1行でこの処理をするときのポイントは(*io.Reader)(nil)という記法です。本来は*io.Reader(nil)としたいところなのですがこれだと結合優先度の問題でnilなio.Readerのポインタをデリファレンスしているように認識されてしまいます。ですので、まず(*io.Reader)と囲うことによってio.Readerへのポインタということを明示しているのです。

動的なselect文の構築

Goにおけるselect文は、Goの最大の強みである並行性を操作するための最も強力なツールの1つです。ただselect文はコンパイル時にすべてのケースを前持って知っておく必要があるという弱点があります。動的に待つべきチャンネルが増える場合は通常のselect文では対応できません。

```
// Goのselect文では明示的に処理対象を羅列する必要がある
select {
case <-ch1:
  ...
case <-ch2:
  ...
case <-ch3:
  ...
default:
  ...
}
```

たとえば任意の数のファイルを追い続けるtailプログラムを書きたいとします。まず任意の1つのファイルを追っていくだけのコードをチャンネルを利用して書いてみましょう。

```
// 対象ファイルをオープン
f, err := os.Open(filename)
if err != nil {
  return
}
defer f.Close()

// ファイルから読み込んだバイト列を逐次chに送る
ch := make(chan []byte)
go func() {
  defer close(ch)
  buf := make([]byte, 4096)
  for {
    n, err := f.Read(buf)
    if err != nil {
      return
    }
    ch <- buf[:n]
  }
}()

// 順次チャンネルからバイト列を読み込みそれを表示する
for in := range ch {
  os.Stoud.Write(in)
}
```

上記の例は対象が1つのファイルであればチャンネルを利用する必要はありませんが、その後複数ファイルを対象にするのでこのような書き方をしています。

これを仮に3つのファイル、のように固定長とした場合を考えてみます。このような場合は以下のようにselectを使うことで対処できます。

第5章 The Dark Arts Of Reflection
不可能を可能にする黒魔術

```
// 固定で3つのファイルのデータを読み込むので、そのぶんだけ
// chan []byteの入ったchsという配列を作成
chs := make([]chan []byte, 3)
for i, file := range files {
  // 1つ前の例と同様、ファイルをオープンし、それぞれから
  // データを読み込みつつ、該当のチャンネルへデータを送る
  f, err := os.Open(file)
  if err != nil {
    return
  }
  defer f.Close()

  go func() {
    defer close(chs[i])
    buf := make([]byte, 4096)
    for {
      n, err := f.Read(buf)
      if err != nil {
        return
      }
      // ここで i番目のチャンネルにデータを送る
      ch[i] <- buf[:n]
    }
  }()
}

var data []byte
for {
  // selectを使い、以下のうちどれかのチャンネルからデータが
  // 来たら、それをos.Stdoutへ出力する
  select {
  case data = <-chs[0]:
  case data = <-chs[1]:
  case data = <-chs[2]:
  }

  os.Stdout.Write(data)
}
```

しかしやはりポイントとしてはそれぞれの**case**を明示的に記す必要があります。ユーザが指定するファイルの数は事前に知ることはできません。本来ならば「この配列に入っているすべてのチャンネルを対象にウォッチしたい」というような操作がしたいところですが、上記のように**chs[X]**というように表記しないといけないので通常の**select**文では任意の数のチャンネルを待つことができないわけです。

これを解決するには、**reflect.Select**と**reflect.SelectCase**を使う方法があります。基本は**reflect.SelectCase**を複数作り、**reflect.Select**にそれを渡すことによって動的に**select**と同等にチャンネルへのデータを待つことができるようになります。

```
reflect.Select([]reflect.SelectCase{
  reflect.SelectCase{ ... }, // 0番目のcase
  reflect.SelectCase{ ... }, // 1番目のcase
  reflect.SelectCase{ ... }, // 2番目のcase
  // 必要であればさらに追加できる
})
```

この機能を使い、コマンドライン引数から受け取ったファイルを追い続ける構文を動的に作成する例を以下に示します。

まず、任意の***os.File**オブジェクトを受け取り、そこから読み込んだデータをチャンネルに送り続ける関数を作ります。

```
func readFromFile(ch chan []byte, f *os.File) {
  defer close(ch) // すべて終わったらチャンネルを閉じる
  defer f.Close() // すべて終わったらファイルを閉じる

  buf := make([]byte, 4096)
  for {
    // 読み込めるデータがあればそれをチャンネルに流す
    // ここではエラーがあってもファイルを追い続ける
    // (そうしないとio.EOFを受け取ったら、
    // それ以上tailできなくなってしまう)
    if n, err := f.Read(buf); err == nil {
      ch <- buf[:n]
    }
  }
}
```

以下の関数ではコマンドライン引数で受け取ったファイル名をすべてこの関数に渡し、チャンネルのリストを作成します。

```
func makeChannelsForFiles(files ...string) ([]reflect.
Value , error) {
  cs := make([]reflect.Value, len(files))

  for i, fn := range files {
    // データを流すようのチャンネルを作り…
    ch := make(chan []byte)

    // ファイルをオープン
    f, err := os.Open(fn)
    if err != nil {
      return nil, err
    }
    go readFromFile(ch, f)

    cs[i] = reflect.ValueOf(ch)
  }
  return cs, nil
}
```

上記の関数で得た配列には**channel**をラップした**reflect.Value**が入っており、これを使って**reflect.SelectCase**を作成できます。以下の関数で行います。

```go
// チャンネルが格納されたreflect.Valueの配列を使い、
// 対応するreflect.SelectCaseを作成
func makeSelectCases(cs ...reflect.Value) ([]reflect.
SelectCase, error) {
  // 与えられた分のchanの数だけreflect.SelectCaseを作成
  cases := make([]reflect.SelectCase, len(cs))
  for i, ch := range cs {
    // reflect.Valueの値がチャンネルでない場合はエラー
    if ch.Kind() != reflect.Chan {
      return nil, errors.New("argument must be a
channel")
    }

    // チャンネルの場合はSelectCaseを作成
    cases[i] = reflect.SelectCase{
      Chan: ch,
      Dir:  reflect.SelectRecv,
    }
  }

  return cases, nil
}
```

ここまでできればあとは`reflect.Select`関数を使って動的に`select`構文を作成するだけです。

```go
// いずれかのselect caseからデータが返ってきたら、
// それを標準出力に出力するループを繰り返し実行する
func doSelect(cases []reflect.SelectCase)
  for {
    if chosen, recv, ok := reflect.Select(cases); ok {
      fmt.Printf("\n=== %s ===\n%s", os.Args[chosen+
1], recv.Interface())
    }
  }
}
```

最後に以下の例ではこれまで解説してきた関数を使って、シグナルを受け取るまでファイルを監視し続けるプログラム全体を示しています(これまでの関数は誌面の都合で再掲していません)。

```go
package main

import (
  "errors"
  "fmt"
  "os"
  "os/signal"
  "reflect"
  "syscall"
)

func main() {
  if err := _main(); err != nil {
    fmt.Printf("%s\n", err)
    os.Exit(1)
  }
}

func _main() error {
  if len(os.Args) < 2 {
    return errors.New("prog [file1 file2 ...]")
  }

  // シグナル処理のおまじない
  sigch := make(chan os.Signal, 1)
  signal.Notify(sigch, syscall.SIGTERM, syscall.SIGIN
T, syscall.SIGQUIT)

  // os.Argsの最初の引数はこのコマンド名
  // それを除外した分が対象ファイル名
  channels, err := makeChannelsForFiles(os.Args[1:])
  if err != nil {
    return err
  }

  // 上記ループで得たチャンネルから動的に
  // select caseを作成する
  cases, err := makeSelectCases(cs...)
  if err != nil {
    return err
  }

  // selectを動的に作成・実行する
  go doSelect(cases)

  // シグナルを受け取るまでブロックし続ける
  // Ctrl-Cとうつと終了
  // (注：本当はここまで作成したgoroutineから
  // 正しく抜けて、リソース解放を行う必要が
  // ありますがここでは割愛)
  select {
  case <-sigch:
    return nil
  }

  return nil
}
```

5.4
reflectのパフォーマンスとまとめ
適材適所で利用するために

冒頭でreflectは使う必要がある場合では不可欠なツールであると述べましたが、逆に言えば使う必要がない場合は使わないに超したことはありません。便利なものには必ず代償があり、この場合はパフォーマンスがその影響を受けます。ここではreflectを使った際に具体的にどのような差が現れるのか検証していき、reflectの使いどころについて考えます。

reflectと型アサーションの比較

reflectを使わない理由の中で最も分かりやすいものはパフォーマンスの劣化です。たとえば以下のようにシンプルなstructフィールドへアクセスするだけのベンチマークを使ってみます。

```
package reflect

import (
  "reflect"
  "testing"
)

// アクセス速度を比較するためのstruct
type StructAccess struct {
  Int int
}

// こちらの関数では「もしinterface{}な値を与えられたときに
// 特定の型だったらその要素を得る」という処理を
// reflectを使って行った場合のコードを計測
func BenchmarkDetectTypeReflect(b *testing.B) {
  var s interface{} = StructAccess{Int: 100}
  for i := 0; i < b.N; i++ {
    rv := reflect.ValueOf(s)
    if rv.Type().Name() == "StructAccess" {
      _ = s.(StructAccess).Int
    }
  }
}

// こちらは最初から（コンパイル時から）型が分かってさえいれば
// そのままアクセスできるので、その場合の通常のGoコードを計測
func BenchmarkDetectNone(b *testing.B) {
  s := StructAccess{Int: 100}
  for i := 0; i < b.N; i++ {
    _ = s.Int
  }
}
```

これを筆者の環境（OS X 10.11.4, go 1.6.1）で

走らせると以下のような結果が得られました。

```
BenchmarkDetectTypeReflect-4    100000000   ↗
22.9 ns/op
BenchmarkDetectNone-4           2000000000  ↗
0.33 ns/op
```

もちろんこれはマイクロベンチマークですので現実ではあまり意味はありません。しかしある程度の指標にはなります。とにかくreflectを使うと愕然とするレベルでのパフォーマンスの劣化が見えることが分かります。

たとえばstructの型によって動作を変えなければいけない場合は型アサーションを使う方が良いでしょう。以下のベンチマークを追加してみましょう。

```
// このコードではreflectを使わず、
// 型アサーションのみで処理している
func BenchmarkDetectTypeAssert(b *testing.B) {
  var s interface{} = StructAccess{Int: 100}
  for i := 0; i < b.N; i++ {
    if sa, ok := s.(StructAccess); ok {
      _ = sa.Int
    }
  }
}
```

これを追加して先ほどのベンチマークを実行すると筆者の環境では以下のような結果になります。

```
BenchmarkDetectTypeReflect-4    100000000    ↗
22.9 ns/op
BenchmarkDetectTypeAssert-4     200000000    ↗
8.91 ns/op
BenchmarkDetectNone-4          2000000000    ↗
0.33 ns/op
```

相変わらず型を動的に確認するコードは何もしないコードより圧倒的に遅いですが、それでもまだ型アサーションの方が速いことが分かります。もしスピードを求めるならば型によって動作を変えるコードを減らさなければなりませんし、reflect は多用してはいけないということを常に意識するべきでしょう。

reflect によるソート

もう 1 つ、汎用プログラミングが好きな方は一度は考えたことがあるであろう Go 言語の sort パッケージによるソートを reflect で実装してみましょう。Go 言語の sort といえば Go 言語を始めたばかりの人は必ず 1 回は「もっと汎用的な API にできないのか」と言ってしまう仕様になっています。

通常はある型の配列を定義し、それに対して Len、Less と Swap の 3 メソッドを実装する必要があります。これによって sort.Interface というインターフェースを満たすことができ、対象構造体がソートできるようになります。

たとえば []int をソートするには以下のようなコードが必要となります。

```
// まずintの配列を型として定義
type IntSlice []int

// 上記型について、Len, Less, Swapを実装
func (p IntSlice) Len() int           { return len(p) }
func (p IntSlice) Less(i, j int) bool { return p[i] < ↗
p[j] }
func (p IntSlice) Swap(i, j int)      { p[i], p[j] = ↗
p[j], p[i] }
```

これは Go の組み込みライブラリである sort パッケージ内で実際に整数をソートするために準備されているコードです。これを定義した上で、IntSlice を sort.Sort 関数に渡すとそれをソー

トしてくれるようになります。

```
numbers := []int{10, 8, 2, 5, 1, 3, 4, 9, 7, 6}
sort.Sort(sort.IntSlice(numbers))
// この時点でnumbersはソートされている

// 上記は sort.Ints(numbers) でも同じことができる
```

sort パッケージにはこの条件を満たす構造体が 3 種類だけ定義されています。それぞれ Int、Float64、そして String 型を処理できますが、逆に言うとそれ以外の型のリストがあった場合は自分でソート処理用の構造体を定義する必要があります。

```
sort.Sort(sort.IntSlice([]int{...}))
sort.Sort(sort.Float64Slice([]float64{...}))
sort.Sort(sort.StringSlice([]string{...}))
```

これをもっと汎用的にしたい、と考えたときにいくつか方法がありますが、その中で reflect を使う方法を考えてみましょう。必要なものはリストを保存する構造体と、それについて任意の比較（Less 相当）のため関数だけです。比較するための関数はデータの型によって違うので汎用的な関数を書くことはできません。これはユーザに提供してもらう必要があります。しかし、Len は reflect.Value に実装されていますし、Swap 関数相当のものは reflect だけで以下のように実装できます。

```
func swap(rv reflect.Value, i, j int) {
  v1 := rv.Index(i).Interface()
  v2 := rv.Index(j).Interface()
  rv.Index(j).Set(reflect.ValueOf(v1))
  rv.Index(i).Set(reflect.ValueOf(v2))
}
```

この関数は rv に格納されているリストの i 番目と j 番目の要素を入れ替えています。v1、v2 はそれぞれ Index で得られる reflect.Value ではなくその中に格納されている値を Interface メソッドで取ってきているところです。いったんこれらの生の値を取り出さずに reflect.Value を直接扱っていると思わぬ結果になることがあります。

ここまでの情報をまとめると、以下のような構

不可能を可能にする黒魔術

造体があれば汎用的なソート用の構造体ができることが分かります。

```go
type Sortwrap struct {
  value    reflect.Value
  // 任意の配列が入ったreflect.Value
  lessfunc func(int, int) bool
  // 上記value内の値の比較を行うための関数
}

// コンストラクタ。配列と、その要素を比較する関数を受け取る
func NewSortwrap(v interface{}, lessfunc func(int, in⤸
t) bool) *Sortwrap {
  // 注：ここではvが本当に配列かどうかの確認を省略している
  return &Sortwrap{
    value:    reflect.ValueOf(v),
    lessfunc: lessfunc,
  }
}

// sort.InterfaceのLen()を満たすメソッド
// 単純に格納している
// 配列の長さを返す
func (s *Sortwrap) Len() int {
  return s.value.Len()
}

// sort.InterfaceのLess()を満たすメソッド
// コンストラクタで与えられた関数を実行している
func (s *Sortwrap) Less(i, j int) bool {
  return s.lessfunc(i, j)
}

// sort.InterfaceのSwapを満たすメソッド
// i番目とj番目の要素を入れ替える。
// この際、操作をすべてreflectで行っている
func (s *Sortwrap) Swap(i, j int) {
  value := s.value
  v1 := value.Index(i).Interface()
  v2 := value.Index(j).Interface()
  value.Index(j).Set(reflect.ValueOf(v1))
  value.Index(i).Set(reflect.ValueOf(v2))
}
```

本来であればNewSortwrap関数では与えられた引数vがリストなのかどうか確認したりするべきですが、ここではエラー処理は省略してあります。

この構造体を使えば以下のように汎用的にソートできるようになります。

```go
// 整数の配列
l1 := []int{ ... }
sort.Sort(NewSortwrap(
  l1,
  func(i, j int) bool {
    // 配列l1のi番目とj番目の要素を比較する関数
    return l1[i] < l1[j]
  },
))

// 自作の任意の型の配列
l2 := []MyObject{ ... }
sort.Sort(NewSortwrap(
  l2,
  func(i, j int) bool {
    // 配列l2のi番目とj番目の要素を比較する関数
    // ここではMyObject型にCompare関数があるものと仮定する
    // Compareはレシーバーが大きければ1、
    // 引数が大きければ-1、
    // レシーバーと引数が同等なら0を返すとする
    return l2[i].Compare(l2[j]) < 0
  },
))
```

ですがやはりここでもパフォーマンスが気になるところです。以下のように整数リストのソートでベンチマークを取ってみましょう。

```go
// ランダムな整数の配列を作成する
func randlist(n int) []int {
  // n個の配列を作り、そこに0からn-1を格納
  l := make([]int, n)
  for i := range l {
    l[i] = i
  }

  // 適当にシャッフル
  for i := range l {
    j := rand.Intn(i + 1)
    l[i], l[j] = l[j], l[i]
  }

  return l
}

// reflectを使ったソート
func BenchmarkSortReflect(b *testing.B) {
  master := randlist(25)
  l := make([]int, 25)

  for i := 0; i < b.N; i++ {
    copy(l, master)
    // マスターから作業用バッファのlにデータをコピー

    // Sortwrapを使ってソートする
    sort.Sort(NewSortwrap(l, func(i, j int) bool {
      return l[i] < l[j]
    }))
  }
}

// reflectを使わず、組み込みの`sort.Ints`を使ったソート
func BenchmarkSortRaw(b *testing.B) {
  master := randlist(25)
  l := make([]int, 25)

  for i := 0; i < b.N; i++ {
    copy(l, master)
    // マスターから作業用バッファのlにデータをコピー
    sort.Ints(l)
  }
}
```

これを実行すると以下のようになります。またもや1桁近くパフォーマンスに差が出てくることが分かると思います。

```
BenchmarkSortReflect-4    200000      8083 ns/op
BenchmarkSortRaw-4       1000000      1065 ns/op
```

これらのパフォーマンス上の差を見ていくと、事前にコンパイルされて最適化されたコードと**reflect**を使って動的に型情報を逐一確認していくコードでは埋められない差があるのが分かるかと思います。

とくにソートのような明らかに型ごとに専用の処理を用意しなくてはいけないことが分かっている（しかもその型が事前に予測できる）場合は**reflect**を使わずにコード生成を行うなどして型情報をより厳密に取り扱う方が良いでしょう。

まとめ

ここまで**reflect**のさまざまな機能に関して説明してきましたが、**reflect**は最後の手段です。Perl/Ruby/Pythonのような言語とは違い、Goはもともと動的にコードを解析・生成することを前提とした言語ではありません。ですので本当に必要なとき以外では**reflect**を使ってはいけません。

逆に言えば、Goの通常の記法ではどうしても実装不可能な場合ならば自然と**reflect**を使う以外の方法がないということに気付くはずですので、そのような場合は**reflect**の力を解放してやると良いでしょう。

コードの難読具合が上がることやパフォーマンスに対するインパクトを考慮しつつ上手に**reflect**と付き合ってください。

第 6 章

Go のテストに関する
ツールセット

テストの基礎と実践的なテクニック

Goにはコーディングを支えるさまざまなツールがあります。チームでコードを書いているときにも、Goはそれを支える環境があります。ここではGoのツールセットやサードパーティのライブラリを含め、開発に関連するツール、その中でもテストに関わるものに焦点を当てて紹介していきます。

鈴木健太(SUZUKI Kenta)
株式会社VOYAGE GROUP
Twitter：@suzu_v
GitHub：suzuken

6.1
Goにおけるテストのあり方
「明示」と「シンプル」

Goでのテストの書き方について説明する前に、簡単にGoのテストのあり方について紹介します。

ソフトウェアにおけるテスト

ソフトウェアのためのテストは、どの言語でも当たり前に書かれています。プログラマが担当するソフトウェアが大きくなるにつれて、多くの時間と努力が複雑なプログラムに対処する方法を考えることにつぎ込まれてきました。その方法の1つがテストです。プログラマは小さなコードを書きつつ、テストコードによって動作をテストしていきます。ある入力に対して、意図した結果が返ってくるかどうかのテストを重ねていくことにより、プログラムが大きく複雑になってきた場合でも堅牢なコードベースになっていきます。そして、すべて自動的に実行されるテストをパスしたコードのみが本番環境にデプロイされます。どんな環境であれ、ソフトウェアエンジニアはこのような実践を続けることでコードの信頼性と質の向上を図ってきました。

Goにおけるテスト

Goのテストへの戦略は「明示」、そして「シンプル」であることです。テストに関する本や文献はさまざまあり、ほかの言語でもテスト用のライブラリは数多く作られてきました。中にはそのテスト対象の言語ではなく、テストそのもののために

新たに操作方法を覚えなければならないツールもあります。そうなるとプログラマはコーディングの知識だけでなく新しいテストのやり方も覚えなければなりません。Goのテストに対するアプローチはそれらの方法と比べるとシンプルで、言うなれば低レベルなやり方を採用しています。これについては本章の解説でふれていきます。

Goにおけるテストは testing パッケージと go test が担っています。これらを用いたGoのテストには単にテストを実行するだけでなく、自然にベンチマークを行ったり、ドキュメントにプログラムの実行例を載せる方法が組み込まれています。通常、テストされる側のコードと比べて、テストコードはシンプルな実装になることが多いです。テストでは境界条件や主にテストしたい部分を重点的に書くことが多くなります。Goではテストのために新たに何かを覚える必要はなく、普通のGoのコードを書いてテストを実装します。本章では、testing パッケージについて説明しつつ、実際のケースでどのようにテストコードを書いていくかについて解説していきます。

6.2
testing パッケージ入門
テストの実行とテストコードの記述

言語によっては単体テスト用の機能が外部ライブラリとして提供されていることもあります。Goでは標準パッケージにテスト用の機能が組み込まれています。Goが標準パッケージにテストの機能を入れているのは、言語としてテストが一機能であると意識していることの表れでもあります。また、Go本体の標準パッケージのテストもすべてこのtestingパッケージを利用して書かれています。ここではまず、Goのテストライブラリであるtestingの解説をしていきます。

 ## テストの実行方法

Goでどのように単体テストを実行していくのかを見ていきます。まずはシンプルな例から見ていきましょう。

リスト1は加算をする実装、リスト2はテストコードの例です。calc.goとして配置します。

テストコードを同一ディレクトリのcalc_test.goに配置します。テストコードは_test.goで終わるファイル名を付けます。

これらのファイルにgo testでテストを実行してみます。

```
$ go test github.com/suzuken/misc/calc
ok      github.com/suzuken/misc/calc    0.005s
```

テストが成功していることが確認できました。もしカレントディレクトリが$GOPATH/src/github.com/suzuken/miscであればgo test ./calcで相対パス指定をしてもテストが実行できます。

次のようにgo test -vを使うと実行したテストケースを詳細に表示できます。

```
$ go test -v ./calc
=== RUN    TestSum
--- PASS: TestSum (0.00s)
PASS
ok      github.com/suzuken/misc/calc    0.005s
```

リスト1　加算をする実装

```
package calc

// sumは加算のための手続き
func sum(a, b int) int {
    return a + b
}
```

リスト2　テストコード

```
package calc

import "testing"

// TestSumは加算のテストをする
// 引数には*testing.Tを渡す
// 必ずTestから始まる名前にする
// すると、go testでの実行対象になる
func TestSum(t *testing.T) {
  if sum(1, 2) != 3 {
    // t.Fatalはテストが失敗したことを返すAPI
    // 多くのGoのテストコードでは条件分岐とt.Fatalを組み合わせて書くことになる
    // t.Fatal以外にも、t.Fatalfもある
    // これらはテスト失敗時のエラーメッセージを加工するもの
    // 別の例で詳しく見ていく
    t.Fatal("sum(1,2) should be 3, but doesn't match")
  }
}
```

go testを実行するとカレントディレクトリ以下にある*_test.goファイルがコンパイルされ、テストが実行されます。_または.から始まるファイルはこのとき無視されます。たとえば、次のようにファイルを配置しても、_hoge.goは無視されます。

```
この場合 _hoge.go は無視される

_hoge.go
calc.go
calc_test.go
```

テスト手続きについては次の形式で書く必要があります。Testから始めるシンプルな手続き名です。

```
func TestXXX(t *testing.T) { ... }
```

テストを手続きごとに個別に実行することもできます。このためにはgo test -run TestXXXを利用します。また-runでは正規表現によるテストケースの絞り込みをすることもできます。次が実行例です。

```
# TestSumに一致するテストを実行する
$ go test -v -run TestSum
=== RUN   TestSum
--- PASS: TestSum (0.00s)
PASS
ok      github.com/suzuken/misc/calc    0.005s

# TestMissingという名前のテストはないので実行されない
$ go test -v -run TestMissing
PASS
ok      github.com/suzuken/misc/calc    0.005s

# Sumで終わるテストを実行する
$ go test -v -run "Sum$"
=== RUN   TestSum
--- PASS: TestSum (0.00s)
PASS
ok      github.com/suzuken/misc/calc    0.005s
```

Go 1.10からテスト結果がキャッシュされるようになりました。ファイルの内容及び環境変数が変更されていない場合、同じテストを走らせるとキャッシュされたテスト結果が表示されます。go clean -testcacheでテストキャッシュを明示的にクリアできます。

```
# 通常通りテストを実行する
$ go test ./calc
ok      github.com/suzuken/misc/calc    0.005s
# ファイル内容を変更せずに同じテストを実行すると
# キャッシュから結果が返る
$ go test ./calc
ok      github.com/suzuken/misc/calc    (cached)
# テスト結果のキャッシュをクリアする
$ go clean -testcache
# テストが再実行される
$ go test ./calc
ok      github.com/suzuken/misc/calc    0.005s
```

go testで実行する手続きに関する説明はgo help testfuncに、go testツールセットに関する説明はgo help testにも詳しく載っています。

Testable Examples

testingにはExamplesという機能があります。Examplesは実行例をそのままテストコードとして記述する機能です。テストとしても実行されますし、godocにも実行例を載せることができます。

Example functionsはExampleから始まる名前で定義し、出力を// Output:から始まるコメントで書くことで、標準出力の内容をテストできます。これを実行することにより、標準出力を比較するテストが実行されます。もしOutputのコメントがない場合にはコンパイルのみが走ります。次がTestable Exampleの例です。

```
func ExampleHello() {
  fmt.Println("Hello")
  // Output: Hello
}
```

テストを実行すると次のようにテストが通ります。ここでのテストは標準出力がOutputの内容と一致しているかどうかをテストしていることになります。

```
# テスト成功時
$ go test -v
=== RUN   ExampleHello
--- PASS: ExampleHello (0.00s)
PASS
ok      github.com/suzuken/gobook/examples      0.004s

# Outputの内容と標準出力が違うケース
# Exampleでのテストの場合、
# 失敗時にはgotとwantが表示される
$ go test -v
=== RUN   ExampleHello
--- FAIL: ExampleHello (0.00s)
got:
Hello
want:
Hello?
FAIL
exit status 1
FAIL    github.com/suzuken/gobook/examples      0.006s
```

Unordered output

Go 1.7からUnordered outputがサポートされました。Unordered outputを使うと、順不同な結果に対してもマッチさせることができます。次がUnordered outputの例です。

```
// この例では標準出力は
//
// 1
// 2
// 3
//
// となる。Unordered outputのため、テストはパスする
func ExampleUnordered() {
  for _, v := range []int{1, 2, 3} {
    fmt.Println(v)
  }
  // Unordered output:
  // 2
  // 3
  // 1
}
```

Goではmapをイテレートすると順不同に結果が返ってきます。下の例のようにmapのイテレート内で標準出力をする場合、上述したOutput:を使うとテストが成功するときもあれば失敗するときもあります。

```
// mapのイテレートは順不同のため、
// このテストはたまに失敗する
func ExampleShufullWillBeFailed() {
  x := map[string]int{"a": 1, "b": 2, "c": 3}
  for k, v := range x {
    fmt.Printf("k=%s v=%d\n", k, v)
  }
  // Output:
  // k=a v=1
  // k=b v=2
  // k=c v=3
}
```

ここでUnordered Outputを利用すると失敗しなくなります。結果が順不同であっても正常にマッチするためです。次の例は必ずテストをパスします。

```
// Unordered outputを利用する例
// このテストは必ずパスする
func ExampleShuffle() {
  x := map[string]int{"a": 1, "b": 2, "c": 3}
  for k, v := range x {
    fmt.Printf("k=%s v=%d\n", k, v)
  }
  // Unordered output:
  // k=a v=1
  // k=b v=2
  // k=c v=3
}
```

Examplesをgodocに載せる

Examplesは標準ライブラリでもよく利用されています。たとえばbufioパッケージのbufio.NewWriterのExample functionsは次のように定義されています。そしてこの例はbufioパッケージのgodoc（図1）からブラウザ上で実際に実行できます。

URL https://golang.org/pkg/bufio/#example_Writer

```
// src/bufio/example_test.go より
func ExampleWriter() {
  w := bufio.NewWriter(os.Stdout)
  fmt.Fprint(w, "Hello, ")
  fmt.Fprint(w, "world!")
  w.Flush() // Don't forget to flush!
  // Output: Hello, world!
}
```

Examplesがgodocのどの部分に表示されるのかは手続きの名前で決まります。たとえばbufioパッケージにおいて ExampleWriter は bufio.Writer のところに例が表示されるようになっています。次のルールでドキュメント上の位置が決まります。

```
// Fooという名前の型か手続きのドキュメントになる
func ExampleFoo()
// Bar型のQuxメソッドのドキュメントになる
func ExampleBar_Qux()
// パッケージ全体のドキュメントに表示される
func Example()
```

Examplesはテストのための機能としてはシンプルなものです。これはどちらかというと、ドキュメンテーションのために役に立つ機能です。このテストのコードは編集可能で、実際に実行できる例として価値があります。自分で実装したライブラリのドキュメントに例を簡単に埋めることができ、かつそれらのコードが実行できるということがビルド時に保障されます。より詳しい例は「Testable Examples in Go - The Go Blog」も参照してみてください。

URL https://blog.golang.org/examples

図1 bufioのgodoc

```
type Writer

  type Writer struct {
          // contains filtered or unexported fields
  }

Writer implements buffering for an io.Writer object. If an error occurs
writing to a Writer, no more data will be accepted and all subsequent
writes will return the error. After all data has been written, the client
should call the Flush method to guarantee all data has been forwarded
to the underlying io.Writer.

▾ Example

  package main

  import (
          "bufio"
          "fmt"
          "os"
  )

  func main() {
          w := bufio.NewWriter(os.Stdout)
          fmt.Fprint(w, "Hello, ")
          fmt.Fprint(w, "world!")
          w.Flush() // Don't forget to flush!
  }


                              Run   Format   Share
```

6.3
ベンチマーク入門
文字列結合の例で学ぶ

前節でtestingパッケージでのテストの基本的な書き方と実行方法について説明しました。本節では同じくtestingパッケージを用いてベンチマークを測定する方法を説明します。

ベンチマークの実行方法

ベンチマーク用の手続きについては次の形式で書きます。こちらもBenchmarkから始まるシンプルな手続き名になっています。

```
func BenchmarkXXX(b *testing.B) { ... }
```

ベンチマークの機能がテスト用パッケージに標準で入っているのもまたGoの設計の面白い点の1つです。ここでベンチマークの例も見ていきましょう。

testingを使って文字列結合に関するベンチマークをとっていきます。ここでは次の2つのパターンでのベンチマークをとっていくことにします。

・+=
・bytes.Buffer

今回はベンチマーク結果を分かりやすくするため、1文字ずつ結合するパターンについてのみ試していきます。まずはリスト3のように各実装を手続きとしてみます。

ベンチマーク用の実装はリスト4のとおりです。

これを実行してみます。ベンチマークの実行にはgo test -benchを使います（図2）。

するとBenchmarkXXX(b *testing.B)で実行された手続きごとに、ループが実行された回数、1ループごとの所要時間、1ループごとのメモリアロケーションされたバイト数、1ループごとのアロケーション回数が表示されています。

これを見ると次のことが分かります。

・+=による文字列結合は、結合する要素数が少ないときはbytes.Bufferと遜色ないパフォーマンスである。しかし、要素数が増えると処理が遅くなり、アロケーションも増える
・bytes.Bufferによる文字列結合は、+=を使った文字列結合と比べると要素数が増えても性能が出ている。アロケーションも少ない

文字列結合する手続きの側からみると、今回は固定長のスライスを渡すことをテストしてベンチマークをとりました。これをたとえば任意長の長さの文字列結合においてはどのような性能になるかをテストしてみるのも面白いでしょう。

今回は+=またはbytes.Bufferを使った方法を用いてそれぞれ文字列結合のテストをし、ベンチマークをとりました。同様な振る舞いをする手続きでstrings.Joinを使うこともできます。それぞれベンチマークをとって性能を比較してみると良いでしょう。

go test -benchによるベンチマークではベンチマークごとのアロケーションされたバイト数を見ることができましたが、実際にパフォーマンスチューニングをしていく場合には実装のどの部分で多くアロケーションされているかを見たくなるでしょう。その場合にはpprofを使うのが便利です。pprofを含め、Goのプログラムのパフォーマ

ンスを測定する方法については「Profiling Go
Programs - The Go Blog」[注1]に詳しく書かれてい
ます。今手元にあるGoプログラムを高速かつ省
メモリで動かしたいときはpprofの使い方を調べ
てみると良いでしょう。

注1) **URL** https://blog.golang.org/profiling-go-programs

サブベンチマークの利用

Go 1.7からサブベンチマークがサポートされま
した。サブベンチマークを使うと、1つの
BenchmarkXXX手続きの中に複数のベンチマーク
を記述できます。サブベンチマークは次の形式で
利用できます。

リスト3　文字を結合する実装

```go
// cat.go
package cat

import (
  "bytes"
)

// catは += 演算子を使って文字列を結合する
func cat(ss ...string) string {
  var r string
  for _, s := range ss {
    r += s
  }
  return r
}

// bufは bytes.Buffer を使って文字列を結合する
func buf(ss ...string) string {
  var b bytes.Buffer
  for _, s := range ss {
    // NOTICE: エラーは無視している
    b.WriteString(s)
  }
  return b.String()
}
```

リスト4　ベンチマーク用の実装

```go
// cat_test.go
package cat

import (
  "testing"
)

// seedはベンチマーク用のトークンをつくる
// 長さを受け取り、指定された長さの文字列のスライスを生成する
// 今回は、単純に "a" を n 個ならべたスライスを生成する
func seed(n int) []string {
  s := make([]string, 0, n)
  for i := 0; i < n; i++ {
    s = append(s, "a")
  }
  return s
}

// benchはベンチマーク用のヘルパ
// テストしたい文字列の組み合わせ長と、文字列結合のための
// 手続きを渡す。それについてベンチマークを実行させる
func bench(b *testing.B, n int, f func(...string) string) {
  b.ReportAllocs()
  for i := 0; i < b.N; i++ {
    f(seed(n)...)
  }
}

func BenchmarkCat3(b *testing.B)     { bench(b, 3, cat) }
func BenchmarkBuf3(b *testing.B)     { bench(b, 3, buf) }
func BenchmarkCat100(b *testing.B)   { bench(b, 100, cat) }
func BenchmarkBuf100(b *testing.B)   { bench(b, 100, buf) }
func BenchmarkCat10000(b *testing.B) { bench(b, 10000, cat) }
func BenchmarkBuf10000(b *testing.B) { bench(b, 10000, buf) }
```

図2　ベンチマークの実行結果

```
// 左から順に、ループが実行された回数、
// 1ループごとの所要時間、
// 1ループ毎のアロケーションされたバイト数、
// 1ループごとのアロケーション回数を示している
// 引数に `.` を指定することでカレントディレクトリ以下の
// ベンチマークを実行するようにしている
$ go test -bench .
PASS
BenchmarkCat3-8          5000000          234 ns/op          54 B/op          3 allocs/op
BenchmarkBuf3-8          5000000          247 ns/op         163 B/op          3 allocs/op
BenchmarkCat100-8         200000         7667 ns/op        7392 B/op        100 allocs/op
BenchmarkBuf100-8        1000000         2329 ns/op        2032 B/op          4 allocs/op
BenchmarkCat10000-8          200      8964414 ns/op    53169829 B/op      10177 allocs/op
BenchmarkBuf10000-8        10000       198711 ns/op      208612 B/op         11 allocs/op
ok      _/home/suzuken/src/github.com/suzuken/benchmarks/cat    11.635s
```

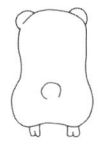

```go
func BenchmarkX(b *testing.B) {
  b.Run("n=3", func(b *testing.B) { ... })
  b.Run("n=10", func(b *testing.B) { ... })
  b.Run("n=100", func(b *testing.B) { ... })
}
```

これはTable Drivenなベンチマークを記述する
のに便利です。前述の文字列結合の例をサブベン
チマークを利用して書き換えたものが次の例で
す。

```go
func BenchmarkConcatenate(b *testing.B) {
  benchCases := []struct {
    name string
    n    int
    f    func(...string) string
  }{
    {"Cat", 3, cat},
    {"Buf", 3, buf},
    {"Cat", 100, cat},
    {"Buf", 100, buf},
    {"Cat", 10000, cat},
    {"Buf", 10000, buf},
  }
  for _, c := range benchCases {
    b.Run(fmt.Sprintf("%s%d", c.name, c.n),
      func(b *testing.B) { bench(b, c.n, c.f) })
  }
}
```

このように記述することによって、新しいベン
チマークの追加が容易になります。さまざまな組
み合わせでベンチマークを記述したい場合にはサ
ブベンチマークを使うことをお勧めします。

6.4 テストの実践的なテクニック

制御フロー、モック、テストカバレッジまで

本節ではGoのテストにおける実践的なテクニックをいくつか紹介します。

Table Driven Tests

あるコードについての入力と出力の組み合わせて、そのいくつかのパターンをテーブルとして読みやすく記述し、テストすることを Table Driven Tests といいます。とはいえそのために特別な機能を必要としているわけではありません。Go の Table Driven Tests は Go そのものの機能を使って、繰り返し似たようなパターンでのテストを書きやすくする方法のことです。

Table Driven Tests は Go の標準パッケージのテストでもよく使われています。たとえば hex

リスト5　hex パッケージによるエンコードのテスト

```go
// encoding/hex/hex_test.go より抜粋
package hex

import (
  "bytes"
  "testing"
)

// encDecTestはエンコードとデコードのテストテーブルに関する型
type encDecTest struct {
  enc string
  dec []byte
}

// encDecTestsはテストケースのテーブルになっている
// Table Driven Testsの場合にはこのようにスライスによってテストケースを列挙させる
var encDecTests = []encDecTest{
  {"", []byte{}},
  {"0001020304050607", []byte{0, 1, 2, 3, 4, 5, 6, 7}},
  {"08090a0b0c0d0e0f", []byte{8, 9, 10, 11, 12, 13, 14, 15}},
  {"f0f1f2f3f4f5f6f7", []byte{0xf0, 0xf1, 0xf2, 0xf3, 0xf4, 0xf5, 0xf6, 0xf7}},
  {"f8f9fafbfcfdfeff", []byte{0xf8, 0xf9, 0xfa, 0xfb, 0xfc, 0xfd, 0xfe, 0xff}},
  {"67", []byte{'g'}},
  {"e3a1", []byte{0xe3, 0xa1}},
}

// TestEncodeはhexへのエンコードのテスト
func TestEncode(t *testing.T) {
  // 上で定義したテストケースのテーブルをイテレートしている
  for i, test := range encDecTests {
    dst := make([]byte, EncodedLen(len(test.dec)))
    n := Encode(dst, test.dec)
    if n != len(dst) {
      t.Errorf("#%d: bad return value: got: %d want: %d", i, n, len(dst))
    }
    if string(dst) != test.enc {
      t.Errorf("#%d: got: %#v want: %#v", i, dst, test.enc)
    }
  }
}
```

パッケージにおけるエンコードのテストの例をみてみましょう（リスト5）。ここではencDecTestsがテストケースのテーブルとなっており、エンコードされた結果である enc string とデコード済みの結果である dec []byte を用意しています。

ここでは hex によって正しくエンコードされているかがテストされています。encDecTestsのようにスライスでテストケースを列挙し、TestEncode 手続きのなかでテストケースのテーブルである encDecTests の中身をイテレートさせてテストをするパターンはよく使われます。

Table Driven Tests のメリットは、新しいテストケースを簡単に追加できることです。今回のエンコードとデコードの例では encDecTests に新しい要素を追加することによって簡単にテストケースを追加できます。

Table Driven Tests においてもエラーメッセージは分かりやすく書くことが求められます。この例では t.Errorf を使ってエラー内容が分かりやすく書かれています。t.Errorf("#%d: got: %#v want: %#v", i, dst, test.enc) は何度目のイテレーションにおいて、aが返ってきたけど実際にはbが欲しかった、というエラーメッセージを出しています。

encDecTests のテストケースを書き換えてテストを実行し、意図的にエラーメッセージを表示させてみます。次のように #5: got: []byte{0x36, 0x37} want: "66" とエラーメッセージが表示されることが確認できます。

```
=== RUN    TestEncode
--- FAIL: TestEncode (0.00s)
        hex_test.go:36: #5: got: []byte{0x36, 0x37} ↗
want: "66"
```

ほかの言語のユニットテストのフレームワークでもこういったエラーメッセージはよく利用されますが、Goではこれを都度自分で書くことを推奨しています。できるだけその状況に応じたエラーメッセージを書くように心がけましょう。今回はシンプルな例でしたが、実装するライブラリや機能に応じて意味の明確なエラーメッセージを

書くようにすると良いでしょう。

reflect.DeepEqual を使う

大きい map や struct を比較する際、for でイテレートしつつそれぞれの値を比較することもできます。しかし、より簡単に2つの値が等価であるか否かを比較する方法があります。それが reflect.DeepEqual です。reflect.DeepEqual は次のようにして利用できます。

```
func DeepEqual(x, y interface{}) bool
```

reflect.DeepEqual の引数には任意の2つの値を渡すことができます。結果は bool を返します。たとえば次のTのような struct であっても reflect.DeepEqual によって等価か否かを簡単に比較できます。

```
type T struct {
  x  int
  ss []string
  m  map[string]int
}
func TestStruct(t *testing.T) {
  m1 := map[string]int{
    "a": 1,
    "b": 2,
  }
  t1 := T{
    x:  1,
    ss: []string{"a", "b"},
    m:  m1,
  }
  t2 := T{
    x:  1,
    ss: []string{"a", "b"},
    m:  m1,
  }
  if !reflect.DeepEqual(t1, t2) {
    t.Errorf("want %#v got %#v", t1, t2)
  }
}
```

reflect.DeepEqual の振る舞いは次のようにまとめられます。基本的には == で各要素を比較していると考えると分かりやすいです。

- 型が異なれば false を返す
- array であればそれぞれの値を再帰的に値をみて、比較をしていく
- slice では長さが同じであり、各項の値が等し

いか否かを比較する

- struct であればすべてのフィールドについてそれぞれ比較する。これはフィールドが公開されているか否かに関わらず比較される
- map なら長さが同じであり、かつすべてのキーのそれぞれの値が等しいか否かを比較する
- interface であれば実際の値が等しいか否かを比較する

reflect.DeepEqual は Table Driven Tests の方法と合わせても便利です。たとえば次の mapTest のようにテストケースを2つの map とし等価比較をする場合、reflect.DeepEqual で結果を比較すると簡単に実装できます。

```go
type mapTest struct {
  a, b map[string]int
  eq   bool
}

var mapTests = []mapTest{
  {map[string]int{"a": 1}, map[string]int{"b": 1}, false},
  {map[string]int{"a": 1}, map[string]int{"a": 1}, true},
}

func TestMapTable(t *testing.T) {
  for _, test := range mapTests {
    if r := reflect.DeepEqual(test.a, test.b); r != test.eq {
      t.Errorf("when a = %#v and b = %#v, want %t, got %t",
        test.a, test.b, r, test.eq)
    }
  }
}
```

reflect パッケージには reflect.DeepEqual 以外にも便利な機能がたくさんあります。reflect パッケージについては第5章をご覧ください。

Race Detectorを使って競合状態を検出する

Goでは競合状態のテストを簡易にする方法が用意されています。Data Race、つまりデータの競合状態とは、複数のgoroutineから同じ変数に並行にアクセスしており、少なくともどれか1つが書き込みをした場合に発生します。

競合状態は予期しない失敗を起こします。競合状態のあるコードを実行していると、予期しないタイミングでpanicを起こすことがあります。panicするならまだ良いですが、変更している途中の値を偶然読んでしまってありえないはずの値が登録されてしまったり、即座にプロセスを落としてしまったりする可能性もあります。Goの並行性のメカニズムは並行なコードをシンプルに実装できるようになっていますが、Goで書いたからといって勝手に競合問題が解決されるわけではありません。したがって、Goでは意図的に競合安全な実装にすることが求められます。

Race Detectorはこの競合問題を検出するためのツールです。Race Detectorは64 bitのx86プロセッサを積んだマシンにおいて動作します。もともとはC/C++用に書かれていたThreadSanitizer[注2]をGo向けに移植したもので、Go 1.1から標準のツールとして組み込まれています。

Race Detectorはテスト以外でも利用できます。たとえば次のようにして利用できます。

- go run -race mypkg
- go build -race mypkg
- go install -race mypkg
- go get -race mypkg

Race Detectorは、実行されている最中に競合状態が検出された場合のみ、Data Raceを報告します。そのため、実行されていないコードに存在しているData Raceについては検出できません。本番に近いワークロードでRace Detectorを有効にすることで、Data Raceを検出しやすくなります。しかし、Race Detectorを有効にすると非有効時と比較して、メモリ使用量は5〜10倍程度、実行時間は2〜20倍程度になるので、本番サーバでRace Detectorを有効にし続けるのは現実的ではありません。そのため、筆者はテストの際にRace Detectorを利用することが多いです。

Race Detectorの利用例をみていきましょう。ここでは排他制御なしにmapに対して並行アクセ

注2) **URL** https://github.com/google/sanitizers

スする例を試してみます。リスト6にData Raceを起こし得るコード例を示します。

Goのmapはスレッドセーフではないため、次の例においてData Raceを検出できます。次のように実行します。

```
$ go run -race main.go
==================
WARNING: DATA RACE
Write at 0x00c000098180 by goroutine 6:
  runtime.mapassign1()
      /Users/suzuken/go/src/runtime/hashmap.go:429 +0x0
  main.main.func1()
      /Users/suzuken/src/github.com/suzuken/misc/⤵
race_example/main.go:9 +0x7c

Previous write by main goroutine:
  runtime.mapassign1()
      /Users/suzuken/go/src/runtime/hashmap.go:429 +0x0
  main.main()
      /Users/suzuken/src/github.com/suzuken/misc/⤵
race_example/main.go:12 +0x12e

Goroutine 6 (running) created at:
  main.main()
      /Users/suzuken/src/github.com/suzuken/misc/⤵
race_example/main.go:11 +0xc4
==================
1 a
2 b
Found 1 data race(s)
exit status 66
```

Found 1 data race(s)と出力されており、競合状態が検出されたことが分かります。この競合状態を解決するためにコード例を修正してみます。mapへの書き込み時にはsync.Mutexを使ってロックするようにしました（より効率的な実装にするためにsync.RWMutexを使ってみても良い

でしょう）。リスト7は修正後のコードです。

このコードに対してRace Detectorを使い実行してみます。すると、WARNINGが消えたことが確認できます。

```
# スレッドセーフな実装にしたのでWARNINGは出ない
$ go run -race fixed.go
2 b
1 a
```

ライブラリを実装する場合には、スレッドセーフな実装を提供することをとくに意識しましょう。そうしなければライブラリの利用者が複数のgoroutineからその機能を利用しようとした場合に、排他制御をする必要があります。もちろん、速度の面からあえてスレッドセーフではない実装にするということも考えられるかもしれません。そのときはスレッドセーフではないことをgodocに書いておくと良いでしょう。

TestMainによるテストの制御

TestMainはテストの制御フローを作るツールです。たとえばリレーショナルデータベースのデータを更新するバッチのテストを書くとします。データを更新するテストにはテスト対象となる元データが必要になるでしょう。この場合、TestMainを使うことで、先にテスト用のデータ

リスト6　Data Raceを起こし得るコード

```go
// main.go
func main() {
  c := make(chan bool)
  // 排他制御なしに並行にmapにアクセスすると競合状態が発生する
  // ここではgoroutineからの書き込みとmain goroutineからの書き込みを並行に行って、
  // 競合状態を発生させている
  m := make(map[string]string)
  go func() {
    m["1"] = "a" // 1つ目の競合するメモリアクセス
    c <- true
  }()
  m["2"] = "b" // 2つ目の競合するメモリアクセス
  // cはunbuffered channelなのでchannelへのsendが完了されるまで待つ
  <-c
  for k, v := range m {
    fmt.Println(k, v)
  }
}
```

リスト7　修正後のコード

```go
// fixed.go
func main() {
  var mux sync.Mutex
  c := make(chan bool)
  m := make(map[string]string)
  go func() {
    mux.Lock()
    m["1"] = "a"
    mux.Unlock()
    c <- true
  }()
  mux.Lock()
  m["2"] = "b"
  mux.Unlock()
  <-c
  for k, v := range m {
    fmt.Println(k, v)
  }
}
```

を挿入しておき、テストが実行されたあとでテスト用テーブルのデータを元に戻す、というフローをシンプルに書くことができます。

TestMainはよく次の形式で書かれます。

```
func TestMain(m *testing.M) {
  setup() // 何らかの初期化処理
  exitCode := m.Run()
  shutdown() // 何らかの終了処理
  os.Exit(exitCode)
}
```

testing.Mは実際のテストの実行を制御します。func(m *M) Runは対象のテストケースを実行し実行結果をexit codeとして返します。exit codeをos.Exitに渡すことでテスト全体の終了コードを通知できます。

setupでは何らかの初期化処理を入れることができます。m.Runのステートメントはテスト全体の実行を待ちます。テスト全体が終了したらshutdownで何らかの終了処理を入れています。ここではsetupとshutdownを慣用的な名前として使いましたがとくに決まりはなく、Goのコードであれば自由に書くことができます。

これはインテグレーションテストをする際に便利です。たとえばリレーショナルデータベースにデータを挿入するバッチのテストを書くとします。この場合、TestMainで先にデータベース作成とテーブル作成をしておき、テストが実行されたあとでテスト用のデータベースとテーブルを削除する、ということをシンプルに書くことができます。

Build Constraintsを利用したテストの切り替え

インテグレーションテストは結合テストや統合テストと呼ばれるテストレベルです。インテグレーションテストでは、単体テストで確認した部品を組み合わせた振る舞いについてテストをします。たとえばデータベースやファイルシステムとの入出力が生じるような処理や、外部ネットワークとの接続が必要なテストなどがあります。

インテグレーションテストをする際にはBuild Constraintsを利用して単体テストと区別すると便利です。Build Constraintsはよくbuild tagと呼ばれるもので、ファイルの先頭に次の宣言をすることで利用できます。

```
// +build
```

Build Constraintsについての詳細は第2章「マルチプラットフォームで動作する社内ツールの作り方」で説明しています。Build Constraints自体はGoのビルドの際に使われる機能で、特別にテストのために用意された機能というわけではありません。

たとえば、インテグレーションテストの対象としたいファイルについて// +build integrationとファイルの先頭に書きます。これをテスト実行時に利用して実行対象ファイルを絞り込むことができます。インテグレーションテストをするにはgo test -tags=integrationとして実行します。するとBuild Constraintsを設定したファイルのテストも実行されます。もしくは// +build !uintとファイルに書いておくことでuintタグの場合には実行しない、という設定をすることもできます。その場合にはgo test -tags=uintとして実行するとそのファイルは実行されないことになります。

Build Constraintsはvetを利用して検証できます。たとえば次の形式のBuild Constraintsは不正な形式です。これに対してvetを実行するとエラーがでます。

🔗 https://golang.org/cmd/vet/

```
// NOTE: これは不正なBuild Constraintsの例
// Build Constraintsはpackageより前で、
// かつ空行をあけて記述しなければならない
package main

// +build hoge
func main() {}
```

次のようにgo vetによってbuildタグの検証をしてみます。

```
$ go vet ./...
build/build.go:5: +build comment must appear before ⏎
package clause and be followed by a blank line
```

Build Constraintsの形式をテストできました。Go 1.10からはgo test実行時にgo vetも実行されるようになっています。したがって、go testでも同様に検証されます。

実際のインテグレーションテストは次のような形になるでしょう。

```
// +build integration

package foo

func TestSomething(t *testing.T) {
  f, err := OpenSomething("path/to/file")
  // ...
}
```

これにより、go testではTestSomethingは実行されず、go test -tags=integrationとした場合のみテストが実行されるようになります。

テストにおける変数または手続きの置き換え

テストを書いていると、ある手続きや変数の置き換えをして挙動を試したいケースがあるでしょう。この場合に利用できる置き換えの例をみていきます。

ここでは例として、あるユーザのGist[注3]のページURL一覧を取得するツールを実装してみます。GitHub Developer GuideのGistのAPIリファレンス[注4]にAPI仕様が載っています。Gist一覧を取得する実装であるListGistsの例をリスト8に掲載します。これをテストすることを考えましょう。

ListGistsは中でdoGistsRequestを呼び出しています。これによりユーザごとのGistのページURLを取得しています。doGistsRequestは

注3）　**URL** https://gist.github.com/
注4）　**URL** https://developer.github.com/v3/gists/

リスト8　GistのページURL一覧を取得する

```
// gists.go
type Gist struct {
  Rawurl string `json:"html_url"`
}

// doGistsRequestはグローバルスコープに定義された手続きのオブジェクト
var doGistsRequest = func(user string) (io.Reader, error) {
  resp, err := http.Get(fmt.Sprintf("https://api.github.com/users/%s/gists", user))
  if err != nil {
    return nil, err
  }
  defer resp.Body.Close()
  var buf bytes.Buffer
  if _, err := io.Copy(&buf, resp.Body); err != nil {
    return nil, err
  }
  return &buf, nil
}

func ListGists(user string) ([]string, error) {
  r, err := doGistsRequest(user)
  if err != nil {
    return nil, err
  }
  var gists []Gist
  if err := json.NewDecoder(r).Decode(&gists); err != nil {
    return nil, err
  }
  urls := make([]string, 0, len(gists))
  for _, u := range gists {
    urls = append(urls, u.Rawurl)
  }
  return urls, nil
}
```

小文字から始まっているので、パッケージ外には公開されない変数です。テストを実行する場合、実際にGistのHTTP APIを利用すると状態が都度変わってしまったり、APIが落ちている場合にテストが落ちたりすることが考えられます。そこで、doGistsRequestを上書きして、テストではリクエストを送らないようにしてみましょう。

リスト9はGistのAPIにHTTP Requestを送らないように挙動を置き換えたテストの例です。

doGistsRequestを上書きすることにより、ListGistsの挙動を変えています。これにより、GistのAPIレスポンスの内容をstrings.NewReaderで作ったダミー用のデータで置き換えることができます。ここではユーザをtestに固定してテストしていますが、テストのシナリオに応じてレスポンスを変える、といったこともこのダミーの実装で実現できるでしょう。

インターフェースをつかったモック

インターフェースを使うことで、実装の置き換えがしやすくなります。ここではインターフェースを使った置き換えのテクニックを紹介します。

パッケージを実装する場合に、doGistsRequestにして手続きを変数に入れて扱うことは少ないでしょう。Goではインターフェースを使うことによって、ほかの言語でのテストスタブやモックといわれるような偽物のオブジェクトを利用できます。これもまた特別なライブラリを利用することなく、Goの標準的な機能を使うことによって実現できます。

先ほどのGistのAPIを利用する実装は、インターフェースを使ってリスト10の例のように書き換えられます。doGistsRequestをするインターフェースをDoerとして定義しています。

Client型のフィールドにGisterとしてDoerインターフェースを実装しています。テスト側でもDoerインターフェースを実装することでGisterの振る舞いを置き換えてみます。リスト11のテストではDoerインターフェースを満たすdummyDoer型を用意し、HTTP Requestを実際には発生させない実装にdoGistRequestを置き換えています。

dummyDoer型はDoerインターフェースの実装になっているので、これをClientのフィールドとして利用できます。これによりテスト側で動作の置き換えができます。

インターフェースを利用した置き換えのパターンはGoのインターフェースの簡潔さを利用した例です。モックオブジェクトを作るためのライブラリもいくつか存在しますが、筆者はこのインターフェースを利用した置き換えのパターンをよく利用しています。置き換えをするために、イン

リスト9　Gist APIにHTTP Requestを送らないように変更する

```
// gists_test.go
func TestGetGists(t *testing.T) {
  // ここでdoGistsRequestを上書きしている
  // このdoGistsRequestはTestGetGistsのスコープの中でのみ有効
  doGistsRequest = func(user string) (io.Reader, error) {
    return strings.NewReader(`
[
  {"html_url": "https://gist.github.com/example1"},
  {"html_url": "https://gist.github.com/example2"}
]
    `), nil
  }
  urls, err := ListGists("test")
  if err != nil {
    t.Fatalf("list gists caused error: %s", err)
  }
  if expected := 2; len(urls) != expected {
    t.Fatalf("want %d, got %d", expected, len(urls))
  }
}
```

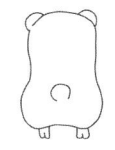

ターフェースを定義する必要はありますが、ライブラリとしてのAPI設計を考えつつうまく分割することでテストコードもシンプルに書くことができます。今回の例ですと、単体テストとしては実行したくない外部へのHTTP Requestをする部分を切り出すことによって、テストを容易にできました。

リスト10 Gist APIを利用する（インターフェースを利用）

```go
// gists.go

type Gist struct {
  Rawurl string `json:"html_url"`
}

// DoerはGistsのAPIにリクエストするインターフェース
type Doer interface {
  doGistsRequest(user string) (io.Reader, error)
}

// ClientはGistのList APIを扱うためのクライアント実装
type Client struct {
  Gister Doer
}

type Gister struct{}

func (g *Gister) doGistsRequest(user string) (io.Reader, error) {
    // 実装は上記と同様なので省略
}

func (c *Client) ListGists(user string) ([]string, error) {
  r, err := c.Gister.doGistsRequest(user)
  if err != nil {
    return nil, err
  }
    // 以下、上記と同様なので省略
}
```

リスト11 テスト側にもインターフェースを実装する

```go
// gists_test.go

// Doerのインターフェースを満たすダミーのstruct
type dummyDoer struct{}

// doGistsRequestのダミー実装
// HTTP Requestを送らないでダミーのデータを返す
func (d *dummyDoer) doGistsRequest(user string) (io.Reader, error) {
  return strings.NewReader(`
[
  {"html_url": "https://gist.github.com/example1"},
  {"html_url": "https://gist.github.com/example2"}
]
  `), nil
}

func TestGetGists2(t *testing.T) {
  // dummyDoerはDoerの実装なので、Clientに渡すことができる
  c := &Client{&dummyDoer{}}
  urls, err := c.ListGists("test")
  if err != nil {
    t.Fatalf("list gists caused error: %s", err)
  }
  if expected := 2; len(urls) != expected {
    t.Fatalf("want %d, got %d", expected, len(urls))
  }
}
```

net/http/httptest パッケージ

net/http/httptestパッケージはHTTPに関するテストをする際に便利なパッケージです。net/http/httptestパッケージを使うと、特定のアドレスとポートをListenさせることなくWebアプリケーションのテストができます。いくつか例をみていきましょう。

簡単なAPIサーバの例をリスト12に示します。/greet?name=gopherと問い合わせるとHello, gopherと返ってくるアプリケーションです。

このアプリケーションをテストするにはどのようにしたら良いでしょうか？ もちろんこのサーバをgo runして立ち上げ、curl http://localhost:8080/greet?name=gopherを実行してレスポンスを確かめることもできるでしょう。しかしテスト環境においてTCPポート:8080がすでに利用されている場合には立ち上げられません。この場合にはnet/http/httptestを使うと便利です。ローカルのループバックデバイスで動作するテスト用のサーバを立てることができます。

リスト13にhttptest.NewServerを使ったテストの例を示します。

httptest.Serverが便利なのはhttp.Handlerインターフェースを引数に渡せることです。今回の実装ではfunc Routeが*http.ServeMuxを返すようにしました。http.ServeMuxはhttp.Handlerのインターフェースを満たしているため、そのままhttptest.NewServerの引数として渡すことができます。

http.Handlerインターフェースはnet/httpパッケージにおいて次のように定義されています。

```go
type Handler interface {
  ServeHTTP(ResponseWriter, *Request)
}
```

このように、一定のインターフェースを満たしたものを実装側で分離しておくことにより、テストからも利用しやすくなるというケースがGoにはよくあります。httptest.ServerはGoのインターフェースをうまく利用した使いやすいしくみであり、テストのための便利なツールセットとなっています。

リスト12　APIサーバの例

```go
// server.go
package main

import (
  "fmt"
  "log"
  "net/http"
)

// RouteはこのAPIサーバのルーティング設定をしている
func Route() *http.ServeMux {
  m := http.NewServeMux()
  m.HandleFunc("/greet", func(w http.ResponseWriter, r *http.Request) {
    if err := r.ParseForm(); err != nil {
      http.Error(w, err.Error(), http.StatusBadRequest)
    }
    // nameを受け取ってパラメータとして埋め込んで返す
    fmt.Fprintf(w, "Hello, %s", r.FormValue("name"))
  })
  return m
}

func main() {
  m := Route()
  log.Fatal(http.ListenAndServe(":8080", m))
}
```

テストカバレッジ

テストから実行されたコードがファイル全体のステートメントの中で占める割合のことを、テストカバレッジといいます。80%のステートメントがテストから実行されたなら、テストカバレッジは80%となります。テストカバレッジを計測することで、テストがまだカバーしていないステートメントを見付けることができます。Goにおけるカバレッジ計測ツールについて紹介していきます。

Goでのカバレッジを計測する機能はGo 1.2から追加されました。実際に利用例をみてみましょう。リスト14のコードはカバレッジ計測を説明するための例です。単語数に応じて適当な文字列を返すようにしています。

リスト15のようにWordsの振る舞いのテストを実装します。

カバレッジを取得するにはgo test -coverを使います。この際、カバレッジを測定するだけでなくテストも同時に実行されています。次にテストカバレッジの取得例を載せます。57.1%と結果が出力されました。

```
$ go test -cover
PASS
coverage: 57.1% of statements
ok      github.com/suzuken/misc/cov     0.008s
```

より詳しい結果を閲覧するには、go test -coverprofileを使ってプロファイリングのためのファイルを取得し、go tool coverを使うと便利です。たとえば、go tool cover -funcを使うことによって手続きごとのカバレッジを見ることができます。

リスト13　テスト用サーバを利用したテスト

```go
// server_test.go
package main

import (
  "io/ioutil"
  "net/http"
  "net/http/httptest"
  "testing"
)

func TestRoute(t *testing.T) {
  // ルーティングの設定はそのままに
  // テスト用のサーバを立ち上げることができる
  ts := httptest.NewServer(Route())
  defer ts.Close()

  // 通常通りHTTPリクエストを送ることができる
  // テスト用サーバのURLは ts.URL で取得できる
  res, err := http.Get(ts.URL + "/greet?name=gopher")
  if err != nil {
    t.Fatalf("http.Get failed: %s", err)
  }
  greeting, err := ioutil.ReadAll(res.Body)
  res.Body.Close()
  if err != nil {
    t.Fatalf("read from HTTP Response Body failed: %s", err)
  }
  expected := "Hello, gopher"
  if string(greeting) != expected {
    t.Fatalf("response of /greet?name=gopher returns %s, want %s",
string(greeting), expected)
  }
}
```

リスト14　単語数に応じて文字列を返す実装

```go
package cov

import (
  "strings"
)

func Words(s string) string {
  c := len(strings.Fields(s))
  switch {
  case c == 0:
    return "wordless?"
  case c == 1:
    return "one word"
  case c < 4:
    return "a few words"
  case c < 8:
    return "many words"
  default:
    return "too many words"
  }
}
```

```
# カバレッジの内容を記したファイルを出力する
$ go test -coverprofile=coverage.out
PASS
coverage: 57.1% of statements
ok      github.com/suzuken/misc/cov     0.005s
# funcごとにカバレッジを集約する
# 今回は1つの手続きしかないので1つだけ表示されている
$ go tool cover -func=coverage.out
github.com/suzuken/misc/cov/words.go:7: Words     ➐
57.1%
total:                         (statements) ➐
57.1%
```

より視覚的にテストカバレッジを確認するには `go tool cover -html` を利用すると良いでしょう。テストが実行されているステートメントと、実行されていないステートメントが分かりやすく

表示されます（図3）。

テストが対象となるステートメントを実行しているか否かに加えて、各ステートメントが何回実行されたかどうかもカバレッジのツールによって知ることができます。次のように `-covermode=count` を指定することで実行回数のカウントを有効にできます。これにより、どのステートメントが多くテストされているかが分かりやすくなります。入念にテストしたい部分についてはこの回数を増やしていく、というアプローチをとることもできるでしょう。

リスト15　リスト14のテスト

```go
package cov

import (
  "testing"
)

type Case struct {
  in, out string
}

var cases = []Case{
  {"今日は天気ですね", "one word"},
  {"Go Go Go Go Go Go Go!", "many words"},
}

func TestWords(t *testing.T) {
  for i, c := range cases {
    w := Words(c.in)
    if w != c.out {
      t.Errorf("#%d: Words(%s) got %s; want %s", i, c.in, w, c.out)
    }
  }
}
```

図3　カバレッジをHTMLに出力する例

```
# -covermode=countを使うと
# 各ステートメントの実行回数が記録される
$ go test -covermode=count -coverprofile=count.out
$ go tool cover -html=count.out
```

このようにテストカバレッジを得ることで、自身のライブラリのテストの計画を練るだけでなく、そのライブラリのテストの指針についても知ることができます。よくテストされている箇所とテストのあまりされていない箇所を知ることは、テストの傾向を知ることになり、それは実装の指針を知ることでもあります。筆者はテストカバレッジの偏りを主に見るようにしています。これは意図して重点的にテストしようとしている部分と、実際にテストがしっかり書かれている部分とに乖離がないかどうかを確認するのに便利です。テストをどの程度しっかり書くかという方針はアプリケーションによって異なるでしょう。テストカバレッジによって、テストの傾向を知り、アプリケーションで起き得るリスクを察知するために活用できます。カバレッジをうまく使いながらテストの戦略を練っていくと良いでしょう。

Goにおけるテストのまとめ

Goのtestingパッケージを中心に、Goにおけるテストの方法について見てきました。Goのテストのしくみは、Goの言語そのもののしくみをうまく利用していることが分かります。しくみはシンプルでありながら、ベンチマークを簡単に取得できたり、容易に置き換えできたりするなど、十分な機能性を持っています。これらはGoのコードの書き方に慣れれば慣れるほど、コードを書く上での武器になってきます。ぜひtestingパッケージを活用してみてください。

第7章
データベースの扱い方
データベースを扱う実用的なアプリケーションを作ろう

本格的なアプリケーションを作る際に必要となるのが永続的なデータの保存です。Goにおいてもいろいろなデータベースに接続するためのドライバがサードパーティにより作成されています。database/sqlパッケージを使うことで、これらドライバの違いをある程度吸収できるようになっています。本章ではデータベースを使ったRESTサーバを作成する手順を紹介します。

mattn
Twitter：@mattn_jp
GitHub：mattn
Blog：https://mattn.kaoriya.net/

7.1 Goにおけるデータベースの取り扱い
ドライバとの付き合い方

他のプログラミング言語と同様に、Goにもデータベースを扱うためのパッケージdatabase/sqlが用意されています。とは言ってもオフィシャルとして各種RDBMSに接続できるドライバを開発しているわけではありません。database/sqlパッケージは、各種データベースを実際に操作するデータベースドライバとデータベースを扱いたいアプリケーションの中間に位置し、各々の違いを吸収するために働きます。

database/sqlの働き

Goのアプリケーションがdatabase/sqlパッケージを使用する際、開発者はドライバのパッケージを直接操作することはありません（図1）。database/sqlパッケージのインタフェースを通してデータベースドライバを呼び出し、間接的にデータベースを処理します。またデータベースドライバはアプリケーションから直接値をもらうこ

ともできなければ、値を返すこともできません。

例えばデータベースドライバが返す接続オブジェクトやRowセットの型はアプリケーションから直接操作することはありません。またテーブルから値を取り出す際にアプリケーションから渡される変数のアドレスもドライバは参照することができません。

執筆時点では、以下のURLからデータベースドライバを確認できます。

- SQLDrivers
URL https://github.com/golang/go/wiki/SQLDrivers

MySQL、PostgreSQL、Oracle、SQLite3などの主要なRDBMSのユーザの手によりメンテナンスされています。この中で筆者は、Oracle、SQLite3、Microsoft ADODB用のドライバを開発しています。

各データベースドライバには、データベースベンダが提供するSDKをGoからC言語を介して操作する「cgo」を使うものと、Goだけで実装（pure Go）されている2種類があります。cgoを使うドライバでは事前にデータベース用のSDKをインストールしておく必要があります。詳しくは各データベースドライバのインストール手順を参照してください。

図1 database/sql パッケージの働き

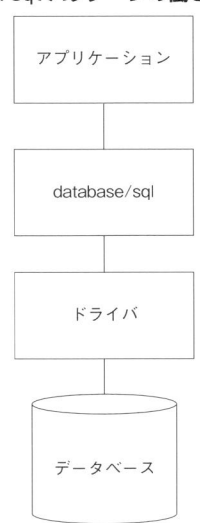

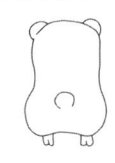

7.2
database/sqlを使ってデータベースに接続する
postgresを使ってデータベースを開く

それではまずデータベースに接続する実装を見てみましょう。

データベース接続の基本コード

リスト1はGoでデータベースに接続する基本のコードです。`sql.Open`の第1引数がドライバ名称、第2引数が接続文字列です。データベースドライバはGoのアプリケーションから直接使われることはないのでブランクインポート(`_`を使い無名でインポートすること)しておきます。

アプリケーションのビルド

このアプリケーションをビルドするには事前にデータベースドライバをインストールしておく必要があります。PostgreSQLのドライバpqであれば、以下の手順でインストールできます。pqはpure Goで実装されているので事前にSDK等を準備しておく必要はありません。

```
$ go get github.com/lib/pq
```

アプリケーションのビルドは以下の手順で行います。

```
$ go build
```

接続の確認

環境変数DSNに接続文字列を設定し、実行してみてください。接続文字列が間違っていなければエラーなく終了するはずです。

ただここで注意が必要です。`sql.Open`を実行したからといって、アプリケーションが実際にデータベースに接続している確証はありません。データベースドライバの中にはテーブルの操作が

リスト1　データベースに接続する(ch7/a1.go)

```go
package main

import (
  "database/sql"
  "log"

  _ "github.com/lib/pq"
)

func main() {
  dsn := os.Getenv("DSN")
  db, err := sql.Open("postgres", dsn)
  if err != nil {
    log.Fatal(err)
  }
  defer db.Close()
}
```

リスト2　Pingの実行(ch7/a2.go抜粋)

```go
dsn := os.Getenv("DSN")
db, err := sql.Open("postgres", dsn)
if err != nil {
  log.Fatal(err)
}
defer db.Close()

err = db.Ping()
if err != nil {
  log.Fatal(err)
}
```

行われる寸前になって初めてデータベース接続するものも実在します。データベースへの接続を確立したいのであればPingを実行します（**リスト2**）。

　Pingでエラーが返って来なければ実際にデータベースに接続できたことになります。Pingは実際には必要ありません。これ以降で説明するExecやQueryを実行する際に事前に実行されるからです。あえて事前に接続を確認したい場合や、SQLの実行失敗とデータベースへの接続失敗のエラーメッセージを区別したい場合に使います。

7.3 Exec 命令の実行

テーブルを更新する

では実際にテーブルを作成してテーブルに値を登録してみましょう。

テーブルの作成

事前に**リスト3**のSQLを実行し、テーブルを作成しておきます。

id、name、age の3つのカラムを持ったテーブル users を作ります。**database/sql** でSQLを実行するには**Exec**を使います（**リスト4**）。

リスト3 テーブルの作成

```
DROP TABLE IF EXISTS users;

CREATE TABLE users (
  id   SERIAL PRIMARY KEY,
  name TEXT NOT NULL,
  age  INTEGER NOT NULL);
```

リスト4 SQLの実行

```
dsn := os.Getenv("DSN")
db, err := sql.Open("postgres", dsn)
if err != nil {
  log.Fatal(err)
}
defer db.Close()

result, err := db.Exec(`INSERT INTO users(name, age) ⏎
VALUES('Bob', 18)`)
if err != nil {
  log.Fatal(err)
}
```

リスト5 プレースホルダの利用

```
result, err := db.Exec(`INSERT INTO users(name, age) ⏎
VALUES($1, $2)`, "Bob", 18)
if err != nil {
  log.Fatal(err)
}
```

プレースホルダ

プレースホルダを使う場合には、引数を与えられます（**リスト5**）。

また名前付きのプレースホルダを使いたい場合には、**sql.Named**を使用します（**リスト6**）。

この**sql.Named**が使えるかどうかは各RDBMSやデータベースドライバの実装に依存します。例えばMySQLではプレースホルダは@nameという形式、SQLite3では$nameという形式ですが、PostgreSQLでは名前付きプレースホルダはサポートしていません。PostgreSQLの場合は前述の$1、$2の形式のプレースホルダを使用してください。この際、$1と$2は順に指定する必要があることに注意してください。

Webアプリケーションのように、ユーザが入力した値を元にテーブルに挿入するような処理で

リスト6 名前付きプレースホルダの利用

```
result, err := db.Exec(`INSERT INTO users(name, age) ⏎
VALUES($name, $age)`,
  sql.Named("name", "Bob"), sql.Named("age", 18))
if err != nil {
  log.Fatal(err)
}
```

リスト7 ユーザが入力した値をテーブルに挿入する（悪い例）

```
name := "Bob"
age := 18

result, err := db.Exec(fmt.Sprint(`
UPDATE users SET age = %d WHERE name = '%s'`, age, ⏎
name))
```

は、必ずプレースホルダを使用してください。もしSQLを文字列の結合で作成するようなコードを書いてしまうと思わぬ情報漏洩が起きたり悪意のあるユーザにテーブルを破壊されてしまうかもしれません。**リスト7**はその悪い例です。

もし変数**name**がユーザから与えられる場合、値に**' or 1 = 1; drop table users; --**が与えられてしまうとテーブルが削除されてしまいます。

```
UPDATE users SET age = 18 WHERE name = '' or 1 = 1; ⏎
drop table users; -- '
```

プレースホルダを使うことで未然にこういった脆弱性を回避できます。なお**Exec**の戻り値**result**はSQLの実行結果が格納されており、以下の手順で更新件数と最終挿入IDが得られます。

（更新件数）

```
affected, err := result.RowAffected()
if err != nil {
  log.Fatal(err)
}
```

（最終挿入ID）

```
lastInsertID, err := result.LastInsertId()
if err != nil {
  log.Fatal(err)
}
```

実行した結果を確認したい場合に使用します。

各データベースドライバの実装の違い

前述のWikiページを見てもらうと分かりますが、GoのOracleのドライバは3つ存在します。しかし**LastInsertId**がすべてのOracle向けデータベースドライバでサポートしているわけではないことに留意してください。OracleのROWIDは18バイトからなる文字列です。Goのfloat64と互換性がありませんので、各ドライバでは異なる

LastInsertIdの実装になっています。あるドライバは未サポート、あるドライバはRETURNING句を使ったハックを利用し、あるドライバでは専用の関数で文字列へ変換する方法を使っています。筆者はGoのOracleドライバの1つ、go-oci8を開発していますが最後の方法を使って実装しています。

```
lastInsertId, _ := result.LastInsertId()
s := oci8.GetLastInsertId(lastInsertId)
```

この他、同じRDBMSであっても一部の機能が未実装のままというデータベースドライバも存在します。使用する前に必要なインタフェースが実装済みであるか確認しておいた方が良いでしょう。

なお、どのプログラミング言語もそうですが、キーを元にテーブルを更新する場合は必ずこの**RowAffected**を確認してください。存在しないキーを指定した場合は**err**もなく更新件数が0件になり何も更新しなかったことになります。

7.4
Query命令の実行
テーブルを読み込む

前述のINSERT文で挿入したテーブルをSELECT文で引いて確認してみましょう。テーブルから値を取り出すにはまず行セット（Rows）を得る必要があります。

RowsとScan

Queryを実行すると行セット（Rows）が得られます（リスト8）。RowsのNextメソッドを使ってカーソルを移動させつつScanで値を読み取ります。

SELECT文で指定したカラムの順番と、Scanメソッドに与える変数の参照の順番は合わせる必要があります。なお与えられる変数の型はデータベースドライバに依存します。自分で作った独自の型を渡してもエラーになります。またSELECT文ではワイルドカード＊を使ってしまうと、返ってくるカラムとScanに与える参照が異なってし

まいエラーになる場合もあります。

BLOB型をサポートするRDBMSでは、次のようにしてbyte配列を渡すこともできます。

```go
for rows.Next() {
  var id string
  var data []byte
  err = rows.Scan(&id, &data)
  if err != nil {
    log.Fatal(err)
  }
  fmt.Println(id, string(data))
}
```

BLOB型のサポート状況も各データベースドライバにより異なります。詳しくは各ドライバのREADME.mdを参照してください。

単一行はQueryRowを使う

SELECT文の実行で得られる行が単一行の場合はQueryRowを使います（リスト9）。

この場合、選択されるべき行が見付からなかった場合はScanの呼び出しがエラーを返します。

リスト8　Queryを実行して行セットを得る

```go
rows, err := db.Query(`SELECT id, name, age FROM users ORDER BY name`)
if err != nil {
  log.Fatal(err)
}
for rows.Next() {
  var id int64
  var name string
  var age int64
  err = rows.Scan(&id, &name, &age)
  if err != nil {
    log.Fatal(err)
  }
  fmt.Println(id, name, age)
}
```

リスト9　QueryRowを実行して単一行を得る

```go
row := db.QueryRow(`SELECT name, age FROM users WHERE id=$1`, 1)
var name string
var age int64
err = row.Scan(&name, &age)
```

7.5 Goにおけるデータベースの型
Goとデータベースの型の違いを知る

database/sql を使用する際のGoとデータベースの型の扱いについて説明します。

database/sql パッケージによる型変換

　Goが扱える型とデータベースが扱う型は同じではありませんが、**database/sql** パッケージがある程度の型変換を行ってくれます。以下のように整数型の **age** をfloat64で得ることもできます。

```
var age float64
err = rows.Scan(&id, &name, &age)
```

　ただし文字列型の **name** をint64で宣言することはできません。以下のコードはエラーが発生します。

```
var name int64
err = rows.Scan(&id, &name, &age)
// sql: Scan error on column index 1, name "name":
// converting driver.Value type string ("Bob") to a ⏎
int64: invalid syntax
```

　どのような値がScanされるのか分からない場合には型を **interface{}** で宣言することもできます。この場合、実際の型の値を得るには**リスト10**のように型アサーション（type assertion）で変換する必要があります。

　ドライバがどの型で値を返すのか事前に分から

ない場合に使います。

driver.Scannerの実装

　前述のように、各型に対する型アサーションをScanの後に記述するとコードが汚くなってしまいます。そこでScanというメソッドを持った値変換型（ValueConverter）を**リスト11**のように実装します。

　この例は、文字列型をベースにした**myType**にScanメソッドを実装し、各型から文字列型に変換する処理を実装しています。次が使用例です。

リスト11　値変換型（ValueConverter）の実装

```
type myType string

func (mt *myType) Scan(src interface{}) error {
  switch x := src.(type) {
  case  int64:
    *mt = myType(fmt.Sprint(src))
  case  float64:
    *mt = myType(fmt.Sprintf("%.2f", src))
  case  bool:
    *mt = myType(fmt.Sprint(src))
  case  []byte:
    if len(x) < 10 {
      *mt = myType(fmt.Sprintf("[% 02X]", x))
    } else {
      x = x[:10]
      *mt = myType(fmt.Sprintf("[% 02X...]", x))
    }
  case  string:
    *mt = myType(x)
  case  time.Time:
    *mt = myType(x.Format("2004/01/02 15:04:05"))
  case  nil:
    *mt = "nil"
  }
  return nil
}
```

リスト10　interface{}による型宣言

```
var age interface{}
err = rows.Scan(&id, &name, &age)
...
n := age.(int64)
```

Goにおけるデータベースの型 7.5

Goとデータベースの型の違いを知る

```
var age myType
err = rows.Scan(&id, &name, &age)
```

このmyTypeを使うとすべてを文字列として得ることができます。浮動小数は小数第2位まで、バイト列型は10バイトまで、日付はGoではおなじみの2004/01/02 15:04:05の形式（詳しくはtime.Formatのドキュメントを参照してください）で値を得られます。

不特定個数の値をScan

またSELECTで何個のカラムを指定されたか分からない場合は、リスト12のように実装することですべての値をinterface{}型で得ることができます。

rows.Columnを使用してカラム数を取得し、interface{}型への参照をカラム数ぶん作成しています。使用することはあまりないと思いますが、任意のSQLを実行するツールなどには使えるかもしれません。

NULLをScanする

database/sqlパッケージでは、NULLを許容するカラムに対してstringなどのプリミティブ型の参照を指定してScanすることはできません。ただしScanに渡す元の型がポインタで宣言されている場合は参照として値を返してくれます。で

すので前述のusersテーブルにてnameカラムがNULLを許容する場合には、リスト13のように宣言することでNULLの確認と実際の値の参照ができます。

sql.NullString

変数がnilであるか毎回確認するのは面倒です。また元の型がstringであるにも関わらず*stringとして宣言しないといけないのはプログラマとして心地よいものではありません。そこでGoではNULLを許容するカラムから値をScanできるようにするために専用のstructを用意しています。

- NullBool（Bool）
- NullFloat64（Float64）
- NullInt64（Int64）
- NullString（String）

これらの型はValidというフィールドを持っており、このValidがtrueの場合だけ各値のフィールド（上記一覧のカッコの中）に値が格納されるしくみになっています。

```
var name sql.NullString
rows.Scan(&name)
fmt.Println(name.String) // NULLの場合は空文字
```

文字列をデリファレンスしなくて良いので、if文でチェックするのを忘れてpanicする不安もなくなります。またstructのフィールドとしてこれらの型を含めることもできます。ただし扱いには注意が必要です。データベースの値をScanで

リスト12　すべての値を得る（エラー処理は省略）
```
rows, _ := db.Query(`SELECT id, name, age FROM users ORDER BY name`)
columns, _ := rows.Columns()
values := make([]interface{}, len(columns))
refs := make([]interface{}, len(columns))
for i := 0; i < len(columns); i++ {
  refs[i] = &values[i]
}
for rows.Next() {
  rows.Scan(refs...)
  fmt.Println(values...)
}
```

リスト13　NULLの確認と値の参照
```
var name *string
rows.Scan(&name)
// name が nil、もしくは *name が "Bob"
if name != nil {
  fmt.Println(*name) // nil でない場合
}
```

きるようにはなりますが、そのstructをJSONとして出力したい場合には使えません。これはNullStringなどがJSON出力に対応していないからです。もしNullStringを使いつつJSON出力にも対応させたい場合には、別の型を作り、MarshalJSONとUnmarshalJSONを実装する必要があります。リスト14ではdatabase/sqlパッケージを使ったScanもでき、さらにfmt.Printにも対応するためにStringerも実装しています。

この型MyNullStringをstructのフィールドで使うことでsql.NullStringと同じようにNULL許可型としてScanでき、JSONとしても正しく出力され、fmt.Printにも対応できるようになります（リスト15）。

なお、筆者が作成したgo-nulltypeというパッケージを使うと、fmt.Printなどでもきちんと表示され、json.MarshalJSONでもnullと表示され、なおかつdatabase/sqlでScanしてもnullと実際の値を区別できるようになります。
URL https://github.com/mattn/go-nulltype

詳しくはリポジトリのREADME.mdを参照してください。

Go 1.13ではsql.NullTimeが追加される予定です。JSONやfmt.Printが必要ないのであればそちらを使うこともできます。

リスト14　MyNullStringの実装

```
type MyNullString struct {
  s sql.NullString
}

func (s *MyNullString) Scan(value interface{}) error {
  return s.s.Scan(value)
}

func (s MyNullString) String() string {
  if !s.s.Valid {
    return "nil"
  }
  return s.s.String
}

func (s MyNullString) MarshalJSON() ([]byte, error) {
  if !s.s.Valid {
    return []byte("null"), nil
  }
  return json.Marshal(s.s.String)
}

func (s *MyNullString) UnmarshalJSON(data []byte) error {
  var ss string
  if err := json.Unmarshal(data, &ss); err != nil {
    s.s.String = ""
    s.s.Valid = false
    return err
  }
  s.s.String = ss
  s.s.Valid = true
  return nil
}
```

リスト15　MyNullStringをフィールドに使用

```
type User struct {
  ID    int64
  Name  MyNullString
  Age   int64
}
var user User
err = rows.Scan(&user.ID, &user.Name, &user.Age)
if err != nil {
  log.Fatal(err)
}
// {"id": 1, "name": "Bob", "age": 18}
json.NewEncoder(os.Stdout).Encode(&user)
// {1 Bob 18}
fmt.Println(user)
```

7.6
ORM を使ったデータベースの扱い方
gorp を使ったテーブルの操作

ここでは ORM を利用したデータベースの使用方法について説明します。

ORM

これまでは database.sql の Scan メソッドを使っていたので、以下のような制約がありました。

- SELECT 文でカラム名に * が書けない
- カラムの個数文、INSERT や UPDATE のカラムを指定しないといけない

ORM（Object Relational Mapping）を使用すると、Go の型とデータベースのテーブルを透過的に扱うことができます。またプログラムのコードも少なくなり見通しが良くなります。一般的に ORM には大きく 2 つの役割があります。

1. 抽出レコードと struct をつなぐマッパー
2. クエリビルダ

前者は SELECT を実行した結果セットを Go の

struct に割り当てる機能、後者は関数などを使って専用の記述方式を使うことで SELECT や INSERT、UPDATE 文を透過的に実行してくれる機能です。サードパーティライブラリの中には前者と後者の両方をサポートするものもあれば、前者のみ提供するものがあります。

GitHub スター数の多い ORM を**表1**にまとめました。そして GitHub スター数上位 5 位までの ORM と database/sql を使いベンチマークを計測しました（**図2**）。以下のリポジトリにあるベンチマークアプリケーションを fork して最新の ORM に対応させた上で計測を行いました。

- yusaer

URL https://github.com/yusaer/orm-benchmark

筆者が fork したリポジトリは以下になります。

URL https://github.com/mattn/orm-benchmark

表1 GitHub スター数の多い ORM

Name	URL	MySQL	PostgreSQL	SQLite3	MSSQL	Oracle	Star	Tag
Beego	https://beego.me/	○	○	○	×	×	18754	orm
GORM	http://gorm.io/	○	○	○	○	×	12042	gorm
XORM	http://xorm.io/	○	○	○	○	○	4320	xorm
go-pg	https://github.com/go-pg/pg	×	○	×	×	×	2343	sql
go-gorp	https://github.com/go-gorp/gorp	○	○	○	×	×	2950	db
upper	https://github.com/upper/db	○	○	○	○	×	1627	db
sqlboiler	https://github.com/volatiletech/sqlboiler	○	○	○	○	×	1831	boil

計測は以下の環境で実施しました。

- Windows 10
- 8GB Mem
- 2.5GHz Intel Core i5

なお、raw は database/sql のみで実装した場合の結果です。

この結果を見る限り、Beego に付属している orm、xorm、gorp が ORM の中では良い成績を出していると言って良いでしょう。また database/sql での実装 raw は、ここまでで説明してきたような値の変換処理が必要ないため、かなり高速に動作していることが分かります。本章ではこのうち、gorp を使った例を紹介します。

gorpを使ったデータベース処理

前述のベンチマーク結果を見た場合、gorp の MultiInsert はひどい結果と思われるかもしれません。しかし他の性能を見てください。他の ORM と同等もしくはそれ以上の性能が出ています。

逆に MultiInsert が遅いのには理由があります。他の MultiInsert をサポートする ORM は各 RDBMS の Bulk Insert 記法を用いているためです。

```
INSERT INTO users(id, name) VALUES(1, 'foo'),(2, 'bar'),(3, 'baz')
```

Bulk Insert は各 RDBMS により方言があります。またレコードの追加時にフックを張って

図2　ORMのベンチマーク

```
2000 times - Insert
        raw:    1.05s        522857 ns/op        720 B/op        21 allocs/op
       xorm:    1.50s        748748 ns/op       4184 B/op       112 allocs/op
  beego_orm:    1.73s        862831 ns/op       2800 B/op        64 allocs/op
       gorp:    2.04s       1019898 ns/op       1892 B/op        48 allocs/op
         pg:    2.23s       1115119 ns/op        663 B/op        11 allocs/op
       gorm:    7.37s       3685466 ns/op       8479 B/op       172 allocs/op

 500 times - MultiInsert 100 row
  beego_orm:    1.94s       3884639 ns/op     202779 B/op      2849 allocs/op
         pg:    2.06s       4125502 ns/op      14431 B/op       212 allocs/op
        raw:    2.17s       4347747 ns/op     144584 B/op      1424 allocs/op
       xorm:    3.75s       7496088 ns/op    2403648 B/op      8576 allocs/op
       gorp:   27.39s      54770138 ns/op     194225 B/op      5109 allocs/op
       gorm:           Not support multi insert

2000 times - Update
        raw:    0.53s        266129 ns/op        728 B/op        21 allocs/op
       gorp:    0.99s        495755 ns/op       1480 B/op        41 allocs/op
  beego_orm:    1.60s        798255 ns/op       2144 B/op        51 allocs/op
       xorm:    1.77s        884097 ns/op       4161 B/op       137 allocs/op
         pg:    1.82s        910294 ns/op        592 B/op         9 allocs/op
       gorm:    3.23s       1616034 ns/op       8580 B/op       197 allocs/op

2000 times - Read
        raw:    1.13s        281506 ns/op        920 B/op        28 allocs/op
         pg:    1.21s        303026 ns/op        728 B/op        17 allocs/op
       gorp:    2.14s        535499 ns/op       4064 B/op       198 allocs/op
  beego_orm:    2.17s        542490 ns/op       2865 B/op        94 allocs/op
       gorm:    2.29s        572555 ns/op       7578 B/op       157 allocs/op
       xorm:    2.59s        647328 ns/op      10006 B/op       236 allocs/op

2000 times - MultiRead limit 100
       xorm:    1.08s        540026 ns/op       3577 B/op        81 allocs/op
        raw:    1.11s        553876 ns/op      28656 B/op      1212 allocs/op
         pg:    1.38s        689579 ns/op      24383 B/op       622 allocs/op
       gorp:    2.05s       1022560 ns/op      49800 B/op      1694 allocs/op
  beego_orm:    2.41s       1204109 ns/op      61512 B/op      3492 allocs/op
       gorm:    4.01s       2004008 ns/op     241773 B/op      6110 allocs/op
```

INSERT直前にユーザが定義したメソッドを実行できるgorpでは対応が難しいのです。

そしてMultiInsertが使われる用途は限定的です。挿入するデータもメモリ上に蓄積されている必要があります。それに比べ、ReadやMultiReadは実際のアプリケーションでもよく使われる処理です。

筆者は以前、これらのベンチマークを元に業務でどのORMを採用するかを検討しました。そしてMultiInsertの単性能よりもほかの単性能の良さ、ORMそのものの扱いやすさを基準にgorpを採用することに決めました。

ORMではGoのstructのフィールドにタグを付けることで、実際のテーブルのカラムの名称との突き合せをします。リスト16は使用したベンチマークのモデル用structです。

Beegoではorm:、gormではgorm:、xormではxorm:というタグを使います。gorpではdb:というタグを使います。この例では複数のデータベースを扱うので複数のタグが付けられていますが、

本章での例題にはリスト17のstructを使います。

ここでカラム名のマッピングとカラムの属性を指定できます。データを挿入したり更新したりするのには必要なさそうな属性も設定していることに注目してください。これはgorpがデータをやり取りするだけでなく、テーブルそのものを作成する機能を備えているからです。

リスト18を実行すると、テーブルが存在しない場合に限り、上記の属性を元にテーブルcommentsを作成してくれます。デプロイした後、CREATE TABLEを実行しなくても良いのは楽ですね。またstructフィールドのタグで指定するだけでなく、リスト19のようにしてコードで設定できます。

では実際にORMで操作してみましょう。リスト20のようにして空のCommentを追加してみます。

テーブルの中を確認すると、カラムidには1が、nameには「名無し」が、textには「こんにちわ」と

リスト16　ベンチマークのモデル用struct

```
type Model struct {
  Id      int `orm:"auto" gorm:"primary_key" db:"id"`
  Name    string
    ... 略 ...
}
```

リスト17　ベンチマークのモデル用struct (gorp)

```
type Comment struct {
  Id      int64     `db:"id,primarykey,autoincrement"`
  Name    string    `db:"name,notnull,default:'名無し',size:200"`
  Text    string    `db:"text,notnull,size:400"`
  Created time.Time `db:"created,notnull"`
  Updated time.Time `db:"updated,notnull"`
}
```

リスト18　gorpによるカラム名のマッピングとカラム属性の指定

```
db, _ := sql.Open("postgres", dsn)
dbmap := &gorp.DbMap{Db: db, Dialect: gorp.PostgresDialect{}}
dbmap.AddTableWithName(Comment{}, "comments")
err = dbm.CreateTablesIfNotExists()
```

リスト19　gorpによるテーブルcommentsの作成

```
dbmap.AddTableWithName(Comment{}, "comments").
  SetKeys(true, "id").
  AddIndex("idx_comments", "Btree", []string{"comment"}).
  SetUnique(true)
err = dbm.CreateTablesIfNotExists()
```

入っているのが分かると思います。テーブル定義を見ると created/updated は「timestamp(6) with time zone」になっており、値は日本にお住まいの読者であれば「0001/01/01 09:00:00」になっているのが分かります。

追加のときには created と updated の両方を、更新のときには updated を現在の日付で更新する必要がありますが、こういう場合に gorp ではフック関数を定義できるようになっています（**リスト21**）。

このように関数を実装すると、**Insert** のときには **PreInsert** が、**Update** のときには

PreUpdate が実行されます。筆者が gorp に惹かれた理由の1つがこれです。**リスト22**に gorp による一般的なテーブル操作を示します。

これらの使い方だけ分かれば一般的なアプリケーションを作ることができます。例ではエラー処理を省いていますが、**database/sql** で実装した場合よりもコード量が減り見通しも良くなります。もしこれらの日付を Web サーバではなくデータベースサーバの時刻で更新したい場合は、各 RDBMS の default 値やトリガの設定が必要になります。

リスト20　空の Comment を追加

```
err = dbmap.Insert(&Comment{Text:"こんにちわ"})
if err != nil {
  log.Fatal(err)
}
```

リスト21　フック関数の定義（gorp）

```
func (c *Comment) PreInsert(s gorp.SqlExecutor) error {
    c.Created = time.Now()
    c.Updated = c.Created
    return nil
}

func (c *Comment) PreUpdate(s gorp.SqlExecutor) error {
    c.Updated = time.Now()
    return nil
}
```

リスト22　gorpによるテーブル操作

```
// 挿入
dbmap.Insert(&Comment{Name: "bob", Text:"こんにちわ"})

// 1件抽出
var comment Comment
dbmap.SelectOne(&comment, "SELECT * from comments WHERE id = 1")

// 更新
comment.Text = "こんばんは"
dbmap.Update(&comment)

// 抽出
var comments []Comment
dbmap.Select(&comments, "SELECT * FROM comments WHERE name = $1", "bob")
```

7.7
REST サーバを作る
GET でテーブルの値を返す

ORM の扱い方が理解できればアプリケーションを作る準備ができました。echo という Labstack 社が開発している Web アプリケーションフレームワークを使って簡単な Web アプリケーションを作ってみましょう。作るのは、HTML と JavaScript で作るシングルページアプリケーションです。

フレームワーク echo

Go には数多くのフレームワークがありますが、筆者が echo を選ぶのには次のような理由があります。

- 企業が開発しているのでバグに対する対応が安定している
- ドキュメントがしっかり書かれている
- REST サーバを実装するのに必要な機能が揃っている

REST サーバを作るにあたって echo の特徴を挙げておきます。

- 優先順位により最適化された HTTP ルータ
- 頑丈でスケール可能な RESTful API の構築
- グループ API
- ミドルウェアフレームワークによる拡張
- ルート、グループ、ルータレベルでのミドルウェア定義
- JSON、XML とフォームペイロードに関するデータバインディング
- 多種の HTTP レスポンス送信を返せる便利な用関
- HTTP エラーハンドリングの集中化
- あらゆるテンプレートエンジンによるレンダリング
- ロガーの書式定義
- 高度なカスタマイズ
- Let's Encrypt を使った自動 TLS
- HTTP/2 のサポート

echo にはグローバルなルータとカスタマイズ可能なルータの 2 つがあり、グローバルなルータを使うことで初心者の方でも簡単に Web アプリケーションを作ることができます。リスト 23 は echo を使った簡単な Web アプリケーションの例です。

ビルドには事前に echo をインストールしておく必要があります。

```
$ go get github.com/labstack/echo
```

このソースをビルドして実行すると Web サーバが起動します。Web ブラウザで http://localhost:8080 にアクセスすると Hello と表示され

リスト 23 echo による Web アプリケーション

```go
package main

import (
  "net/http"

  "github.com/labstack/echo"
)

func main() {
  e := echo.New()
  e.GET("/", func(c echo.Context) error {
    return c.String(http.StatusOK, "Hello")
  })
  e.Logger.Fatal(e.Start(":8080"))
}
```

ます。

コメント一覧を作る

作成したWebアプリケーションが返している Content-Type は、text/plain です。まずは静的ファイルをサーブしたいので**リスト24**のように変更します。

ソースと同じ位置にstaticというディレクトリを作り、その中に**リスト25**の index.html を保存します。

再度ビルドして実行、ブラウザで閲覧すると空のコメントページが表示されます。ではコメントの一覧をサーバから返すしくみを作ります。**e.GET**の個所を**リスト26**のように書き換えます。

これで次のURLにアクセスするとコメントの一覧が10件返されるようになります。

URL http://localhost:8080/api/comments

echoにはJSONでレスポンスを返したり、テキストでレスポンスを返したりするのに便利なメソッドが**echo.Context**に実装されています。

ロガーも **echo.Context** からアクセスできますので、この関数が大きくなってきた際に関数に分離したとしてもロガーをグローバル変数に置くことなくアクセスできるのでとても便利です。ブラウザからこのAPIにアクセスするとレスポンスのJSONがキャメルケースになっていることに気付くと思います。これは**struct**に**json**タグが付いていないためです。**リスト27**のようにUserの**struct**を変更しておきます。

なお**json**と同じ値で**form**というタグを作っておくと、HTMLの**form**タグの値をBindで受け取ることもできるになります。詳しくはechoのドキュメントを参照してください。

この時点で画面を作りたくなるかもしれませんが、もう少し我慢です。

リスト24 静的ファイルをサーブする

```
e := echo.New()
e.GET("/", func(c echo.Context) error {
  return c.String(http.StatusOK, "Hello")
})
e.Static("/", "static/")
e.Logger.Fatal(e.Start(":8080"))
```

リスト25 index.html

```
<!DOCTYPE html>
<html>
<head>
  <meta charset="utf-8" />
  <title>コメント一覧</title>
</head>
<body>
  コメント一覧
</body>
</html>
```

リスト26 コメント一覧をサーバから返す

```
e.GET("/api/comments", func(c echo.Context) error {
  var comments []Comment
  _, err := dbmap.Select(&comments,
    "SELECT * FROM comments ORDER BY created desc LIMIT 10")
  if err != nil {
    c.Logger().Error("Select: ", err)
    return c.String(http.StatusBadRequest, "Select: "+err.Error())
  }
  return c.JSON(http.StatusOK, comments)
})
```

リスト27 json タグを追加

```
type Comment struct {
  Id      int64     `json:"id" db:"id,primarykey,autoincrement"`
  Name    string    `json:"name" db:"name,notnull,default:'名無し',size:200"`
  Text    string    `json:"text" db:"text,notnull,size:399"`
  Created time.Time `json:"created" db:"created,notnull"`
  Updated time.Time `json:"updated" db:"updated,notnull"`
}
```

コメント登録処理を作る

コメント一覧はe.GETで実装しましたが、コメント登録はe.POSTで実装します（リスト28）。

echo.Context.Bindを使うとリクエストのJSONとCommentのstructをバインドしてくれます。Commentにはjsonタグが付いていますので、以下のようにcurlコマンドを実行するとCommentが追加されるようになりました。

```
$ curl -X POST -H 'Content-Type: application/json' -d ➤
'{"text":"test"}' http://localhost:8080/api/comments'
```

nameは省略時に「名無し」で登録されます。ただこのecho.Context.BindはJSONの中身の確認は行ってくれません。textに1000文字のデータを送って来た場合は、できれば未然に弾いてし

まいたいですよね。そこで使うのがvalidatorです。

URL https://gopkg.in/go-playground/validator.v9

validatorを使うと、structタグに記述したルールに基づいて未入力や最小値、最大値、email形式などを検証できるようになります。echoからvalidatorを使うにはリスト29のようにラッピングする必要があります。

次にechoにこのValidatorを渡します（リスト30）。

こうすると各リクエストハンドラの中でリスト31のようにValidateを呼び出すことができます。

このように実装することで、不正な入力をデータベースにアクセスする前に弾くことができるのです。

リスト28　コメントの登録

```
e.POST("/api/comments", func(c echo.Context) error {
  var comment Comment
  if err := c.Bind(&comment); err != nil {
    c.Logger().Error("Bind: ", err)
    return c.String(http.StatusBadRequest, "Bind: "+err.Error())
  }
  if err = dbmap.Insert(&comment); err != nil {
    c.Logger().Error("Insert: ", err)
    return c.String(http.StatusBadRequest, "Insert: "+err.Error())
  }
  c.Logger().Infof("ADDED: %v", comment.Id)
  return c.JSON(http.StatusCreated, "")
})
```

リスト29　validatorを追加

```
type Validator struct {
  validator *validator.Validate
}

func (v *Validator) Validate(i interface{}) error {
  return v.validator.Struct(i)
}
```

リスト30　echoにValidatorを渡す

```
e := echo.New()
e.Validator = &Validator{validator: validator.New()}
```

リスト31　Validateの呼び出し

```
var comment Comment
if err := c.Bind(&comment); err != nil {
  c.Logger().Error("Bind: ", err)
  return c.String(http.StatusBadRequest, "Bind: "+err.Error())
}
if err := c.Validate(&comment); err != nil {
  c.Logger().Error("Validate: ", err)
  return c.String(http.StatusBadRequest, "Validate: "+err.Error())
}
```

 # 画面を作る

ここまでできると、後は画面の作成です（**リスト32**）。画面にはVue.js、RESTのアクセスにはaxiosを使います。画面はシングルページアプリケーションですので、初期表示時にJavaScriptのaxios.getで/api/commentsからコメント一覧の

JSONを取得し、Vueでバインドされているコメント一覧を更新します。また登録ボタンのクリックイベントではaxios.postでnameとtextをサーバに送信します。

この例ではVue.jsとaxiosをCDNから利用していますがローカルから配信しても構いません。app.jsは**リスト33**のように実装します。

どちらもstaticディレクトリの中に保存します。実行すると**図3**のような画面が表示され、コメン

リスト32　画面の作成

```html
<!DOCTYPE html>
<html>
<head>
  <meta charset="utf-8" />
  <title>コメント一覧</title>
  <script src="http://unpkg.com/vue/dist/vue.js"></script>
  <script src="https://unpkg.com/axios/dist/axios.min.js"></script>
</head>
<body>
  <div id="app">
    <ul>
      <li v-for="comment in comments">
        <div>{{ comment.text }} by {{ comment.name }}</div>
      </li>
    </ul>
    <input v-model="name" placeholder="お名前">
    <input v-model="text" placeholder="コメント">
    <button v-on:click="add">登録</button>
  </div>
  <script src="/app.js"></script>
</body>
</html>
```

リスト33　app.js

```javascript
const app = new Vue({
  el: '#app',
  data: {
    comments: [],
    name: '',
    text: '',
  },
  created() { this.update() },
  methods: {
    add: () => {
      const payload = {'name': app.name, 'text': app.text}
      axios.post('/api/comments', payload)
        .then(() => {
          app.name = ''
          app.text = ''
          app.update()
        })
        .catch((err) => {
          alert(err.response.data.error)
        })
    },
    update: () => {
      axios.get('/api/comments')
        .then((response) => app.comments = response.data || [])
        .catch((error) => console.log(error));
    }
  }
})
```

ト登録画面ができ上がります。

以下のリポジトリにソースコードを置いていますので、いろいろと変更して見栄えを良くしたりgorp や validate の使い方を学ぶなどに利用してください。

URL https://github.com/mattn/echo-example

おわりに

本章では database/sql を使ったデータベース

の操作、gorp を使った ORM の操作、echo を使った Web アプリケーションの作成手順を紹介しました。これを参考に gorp や echo ではなくほかのライブラリを使って実装されてみるのも良いと思います。そして本書籍が古くなりこれらのライブラリが古くなってしまったとしても、プログラマのみなさんがやるべきことは変わりません。新しい技術要素を調査し、あらゆる候補を比較するためにベンチマークを取ることです。ご自分にあったライブラリを見つけ出してください。

図3　コメント登録画面

```
←  →  C    🌐 localhost:8080

  • Go言語かわいいよかわいいよ by 名無し
  • みんなのGo言語、買いたい by 名無し
  • みんなのGo言語、読みたい by 名無し

  [お名前        ] [コメント        ]  [登録]
```

索引

目次デザイン・本文デザイン・DTP	朝日メディアインターナショナル㈱
装丁・本文イラスト	稲葉 貴洋
本文イラスト	牧 大輔
担当	高屋 卓也

■ お問い合わせについて

本書に関するご質問は記載内容についてのみとさせていただきます。本書の内容以外のご質問には一切応じられませんので、あらかじめご了承ください。
なお、お電話でのご質問は受け付けておりませんので、書面またはFAX、弊社Webサイトのお問い合わせフォームをご利用ください。

〒162-0846　東京都新宿区市谷左内町21-13
株式会社技術評論社「改訂2版 みんなのGo言語」係
FAX　03-3513-6173
URL　http://gihyo.jp

ご質問の際に記載いただいた個人情報は回答以外の目的に使用することはありません。使用後は速やかに個人情報を廃棄します。

かいてい にはん 改訂2版 みんなの ゴー げんご Go 言語

2016 年 10 月 15 日　初版　　第 1 刷　発行
2019 年 8 月 14 日　第 2 版　第 1 刷　発行

著 者	まつき まさゆき 松木 雅幸、マッツン mattn、ふじわら しゅんいちろう 藤原 俊一郎、なかしま たいち 中島 大一、うえだ たくや 上田 拓也、まき だいすけ 牧 大輔、すずき けんた 鈴木 健太
発行者	片岡 巌
発行所	株式会社技術評論社
	東京都新宿区市谷左内町 21-13
	電話　03-3513-6150　販売促進部
	03-3513-6177　雑誌編集部
印刷／製本	港北出版印刷株式会社

ISBN 978-4-297-10727-7 C3055
Printed in Japan